Informationstechnik
und
Datenverarbeitung

Elke Heck Fred Kumpmann

NeWS – Das Netzwerkfähige Window-System

Einführung und Anleitung

Mit 37 Abbildungen

Springer-Verlag
Berlin Heidelberg GmbH

Elke Heck

Informatik IV, Universität Dortmund
Postfach 50 05 00, W-4600 Dortmund 50

Fred Kumpmann

Quantum, Gesellschaft für Software mbH
Emil-Figge-Straße 83, W-4600 Dortmund 50

CIP-Titelaufnahme der Deutschen Bibliothek
Heck, Elke: NeWS - das netzwerkfähige Window-System / Elke Heck; Fred Kumpmann. - Berlin; Heidelberg; New York; London; Paris; Tokyo; Hong Kong; Barcelona: Springer, 1990
(Informationstechnik und Datenverarbeitung)
ISBN 978-3-540-52063-4 ISBN 978-3-642-75341-1 (eBook)
DOI 10.1007/978-3-642-75341-1
NE: Kumpmann, Fred:

Ursprünglich erschienen bei Springer-Verlag Berlin Heidelberg New York 1990

2145/3140-5 4 3 2 1 0 - Gedruckt auf säurefreiem Papier

Vorwort

Graphikfähige Window-Systeme spielen eine ständig wachsende Bedeutung in der Gestaltung von Benutzungsoberflächen. Window-Systeme wie X Windows [ScGe86] und NeWS sind mittlerweile auf dem Weg heraus aus dem Stadium des Forschens und Experimentierens hinein in den Bereich der Anwendung und Softwareentwicklung. Nach unseren Erfahrungen besteht bei den Systementwicklern, sowohl in den Softwarehäusern als auch in den Hochschulen, ein enormes Informationsdefizit speziell bezüglich der beiden erwähnten hochaktuellen Window-Systeme. Das hat uns dazu veranlaßt, die Resultate unserer intensiven, zweijährigen Arbeit mit NeWS einem breiteren Leserkreis zugänglich zu machen.

Das vorliegende Buch entstand aus den Erfahrungen einer von uns betreuten studentischen Projektgruppe, die sich mehrere Monate intensiv mit den praktischen Problemen von NeWS auf Sun3-Workstations aktiv befaßt hat. In anschließenden Arbeiten (Diplomarbeit/Veröffentlichungen) wurden folgende Anwendungen von NeWS durchgeführt: eine NeWS-basierte graphische Benutzungsoberfläche für UNIX [Kump88], Portierung von NeWS auf Apollo-Workstation, Ansätze zu einer Leistungsbewertung von NeWS [Heck89], [HeMü88].

Wir haben in dieser Zeit die Erfahrung gemacht, daß es sich bei NeWS um ein wirklich leistungsstarkes Window-System handelt. Durch seine Fähigkeiten, Windows verteilt über ein Netzwerk zu verwalten, und die durch PostScript gebotenen graphischen Möglichkeiten stellt NeWS eine geeignete Basis zur Entwicklung verteilter Anwendungen dar. Wir hoffen, mit diesem Buch ein wenig Hilfestellung zur Einarbeitung in NeWS geben zu können.

Das Buch richtet sich an Softwareentwickler und Anwender von Benutzungsoberflächen in Industrie und Hochschule. Es ist als Anleitung zum praktischen Arbeiten gedacht und deshalb reich an Beispielen. Für das Verständnis des Buches ist die Kenntnis einer höheren Programmiersprache (vorzugsweise C) von Vorteil.

Wir möchten an dieser Stelle unserem Kollegen Herrn Dr. Müller-Clostermann danken, der den Anstoß zu dieser Arbeit gegeben und uns während der ganzen Zeit nach Kräften unterstützt hat.

Elke Heck
Fred Kumpmann

Dortmund, im Juli 1990

Inhalt

1	**Einleitung**	1
2	**Eine Einführung in PostScript**	3
2.1	Einleitung	3
2.2	Programmierung in PostScript	4
2.2.1	Arithmetik in PostScript	4
2.2.2	Prozeduren und Variablen in PostScript	7
2.2.2.1	Definition von Variablen in PostScript	7
2.2.2.2	Definition von PostScript-Prozeduren	7
2.2.3	Bedingte Anweisungen und Schleifen	8
2.2.3.1	Die Syntax von bedingten Ausdrücken	9
2.2.3.2	Die Syntax von Schleifen	9
2.2.4	Arrays	10
2.2.4.1	Array-Operatoren	11
2.3	Die Graphik von PostScript	11
2.3.1	Darstellung graphischer Objekte	11
2.3.2	Koordinatensysteme	11
2.3.3	Programmierung der Graphik	12
2.3.3.1	Translation	14
2.3.3.2	Rotation	14
2.3.3.3	Skalierung	15
2.3.4	Zwei komplette Beispiele	16
2.3.4.1	Ein gleichseitiges Dreieck	16
2.3.4.2	Aus einem Kreis werden Ellipsen	17
2.4	Darstellung von Text	18
2.5	Darstellung von Zahlen	20
2.6	Drucken	21
2.7	Zusammenfassung	21
3	**NeWS - Ein Window-System**	23
3.1	Einführung in NeWS	23
3.2	Die Architektur von NeWS	26
3.2.1	NeWS - ein Server-basiertes Window-System	26
3.2.2	Client/Server-Kommunikation via PostScript	27
3.2.3	Kommunikationswege in NeWS	27
3.2.4	Der Lightweight-Prozeßmechanismus	28

3.2.5 Die Lightweight-Prozeßkommunikation via Events 29
3.2.5.1 Der Event-Verteilungsmechanismus 31
3.2.5.2 Die pause-Primitive 32
3.3 Programmierung in NeWS 35
3.3.1 Niveaus der Programmierung 35
3.3.2 Die grobe Struktur von NeWS-Programmen 35
3.3.3 Window- und Menü-Handling 37
3.3.3.1 Das User-Interface von NeWS 37
3.3.3.2 Das Klassenkonzept 37
3.3.3.3 Die Klassen LiteMenu und LiteWindow 41
3.3.3.4 Ein vollständiges Beispiel 45

4 Netzwerkfähigkeit von NeWS 49

4.1 Einordnung in Netzwerk-Referenzmodelle 49
4.2 Sockets - Grundlage der Netzwerkfähigkeit 50
4.3 Entwicklung von verteilten Anwendungen mit NeWS 54
4.4 NeWS-Kommunikationsmodelle und Demonstrationsprogramme 62
4.4.1 Die Anwendungsprogramme 62
4.4.2 Kommunikationsmodell 1 65
4.4.3 Kommunikationsmodell 2 66

5 Performance-Messungen 71

5.1 Die CPU 71
5.2 Das lokale Netz (Ethernet 10 MBit/s) 73
5.3 Der virtuelle Speicher 74

6 Anwendungen 77

6.1 Das Programm MOIREDEMO 77
6.2 Das Programm NFOURIERDEMO 86
6.3 Eine graphische Benutzungsoberfläche für UNIX 95

7 Erfahrungen 107

7.1 Starten 107
7.2 Fehlermeldungen 108
7.3 Zusammenarbeit von NeWS-Windows und SunView-Windows 109
7.4 Portierung 110
7.5 Dokumentation 112

8 Beurteilung 113

Literatur 115

Sachverzeichnis 117

1 Einleitung

Durch hohe Leistungsfähigkeit (Rechengeschwindigkeit, Hauptspeicher, Graphikfähigkeit) werden fensterorientierte Workstations mit hochauflösenden Bildschirmen zu immer attraktiveren Arbeitsplätzen und finden verstärkte Akzeptanz in wissenschaftlich-technischen Bereichen. Sowohl Architektur als auch Betriebssystem unterstützen den Anschluß an lokale Netze und damit die Einbindung der Workstations in eine heterogene Umgebung. Der Benutzer erhält dadurch die Möglichkeit, mit anderen Rechnern vom einfachen Terminal über andere Workstations, Netzwerk-Server (z. B. File-Server), Datenbankmaschinen bis hin zu Superrechnern nicht nur zu kommunizieren, sondern sie auch zur Problemlösung einzusetzen. Diese Möglichkeiten können verstärkt mit Hilfe geeigneter Window-Systeme, wie z. B. NeWS (Network extensible Window System, [Sun87a], [Sun89a], [HeKW88]), genutzt werden. Neben der Erfüllung der üblichen Aufgaben eines Window-Systems bietet NeWS zusätzlich die Möglichkeit, Fenster verteilt über ein Netzwerk zu verwalten. Damit wird der Benutzer einer Workstation in die Lage versetzt, mehrere Anwendungsprogramme auf die im Netz global zur Verfügung gestellten Rechner zu verteilen und mit ihnen parallel zu kommunizieren. Gerade dem in einer graphisch orientierten Entwicklungsumgebung tätigen Benutzer eröffnen sich damit ganz neue Perspektiven.

Die grundlegenden Konzepte und Anwendungsmöglichkeiten des Systems sowie sein Verhalten hinsichtlich Performance sollen hier untersucht werden. Dabei liegt ein Hauptaugenmerk auf der Bewertung der Belastung des Kommunikationsnetzes, denn die Netzfähigkeit, wenn überhaupt vorhanden, bedeutete bei herkömmlichen Window-Systemen eine sehr hohe Netzbelastung. Zu diesem Zweck wurden einige Demonstrationsprogramme entwickelt, wobei besonderer Wert auf die Ausnutzung aller das Netz betreffenden Möglichkeiten von NeWS gelegt wird. Gleichzeitig wird versucht, der Tatsache, daß verschiedene Anwendungsprogramme das System durch NeWS in völlig unterschiedlicher Form belasten können, durch die Entwicklung entsprechend unterschiedlich sich verhaltender Demonstrationsprogramme Rechnung zu tragen.

Im zweiten Kapitel wird die Programmiersprache PostScript vorgestellt, welche in ihrer Programmstruktur der Programmiersprache FORTH verwandt ist. Zum Verständnis und zur Erstellung jeglicher NeWS-Anwendung ist die Kenntnis einiger Grundlagen von PostScript unabdingbare Voraussetzung. PostScript wurde ursprünglich als Seitenbeschreibungssprache konzipiert und dient als Schnittstelle zur Druckersteuerung, wobei hauptsächlich Anwendungen, die Text und Graphik integriert enthielten, möglich wurden. PostScript enthält eine Vielzahl von graphischen Primitiven und wurde von Sun für NeWS durch Primitive für die Eingabe- und für die Window-Verwaltung ergänzt. Dieses Kapitel sollte nur als Einführung in PostScript verstanden werden. Detailliertere Informationen enthalten [Ado85a], [Ado85b], [Ado89] und

[Voll88] bezüglich PostScript und [Sun87a] und [Sun89a] bezüglich der Ergänzungen von Sun.

Im dritten Kapitel werden die grundlegenden Konzepte von NeWS vorgestellt, insbesondere die Kommunikationsaspekte und die Programmiermöglichkeiten von NeWS.

Im vierten Kapitel werden zunächst alle Bereiche von NeWS hinsichtlich der Netzwerkkommunikation beschrieben, speziell auch die Einordnung von NeWS in die Welt der Netzwerk-Referenzmodelle. Darauf aufbauend werden einige Kommunikationsstrukturen unter NeWS vorgestellt und die darauf basierenden Demonstrationsprogramme erklärt. Zusätzlich wird in diesem Kapitel anhand der entwickelten Demonstrationsprogramme untersucht, wie NeWS-Anwendungen effizient implementiert werden können.

Im fünften Kapitel sind die mit den Demonstrationsprogrammen gewonnenen Meßergebnisse über NeWS aufgeführt und kommentiert.

Im sechsten Kapitel sind einige der entwickelten NeWS-Anwendungsprogramme mit zusätzlichen Kommentaren aufgeführt. Sie können als Hilfe bei den ersten Schritten in der Programmierung einer NeWS-Anwendung dienen. Des weiteren wird hier anhand einer komplexeren Anwendung ein Gesamtbild über die Leistungsfähigkeit von NeWS gegeben.

Erfahrungen, die bei Entwicklung und Anwendung der Demonstrationsprogramme mit NeWS gesammelt wurden, enthält das siebte Kapitel.

Das achte Kapitel gibt eine zusammenfassende Beurteilung von NeWS.

2 Eine Einführung in PostScript

2.1 Einleitung

PostScript ist eine höhere Turing-äquivalente Programmiersprache mit ausgezeichneten graphischen Fähigkeiten, die nicht nur auf vielen Computern, sondern auch auf PostScript-Druckern (Beispiel: Apple Laserwriter) sowie Linotype-Belichtern zum Einsatz kommt. Programme können im interaktiven Stil entwickelt werden; ihre Ausführung wird durch einen Interpreter realisiert. PostScript gehört zur Klasse der Seitenbeschreibungssprachen.

Diese Einführung soll dem Leser einen Überblick über die allgemeinen Fähigkeiten von PostScript geben, die man von einer höheren Programmiersprache erwartet, insbesondere aber auch über die graphischen Fähigkeiten. Diese werden in erster Linie anhand von Beispielen erläutert. Ein weiteres Ziel ist, den Leser in die Lage zu versetzen, PostScript-Programme zu verstehen und selbst kleinere Programme zu entwickeln.

Die Programmiersprache PostScript, erweitert um Funktionen zur Kreation und Manipulation graphischer Objekte, bildet die Basis für NeWS. Die graphischen Fähigkeiten von PostScript sind geprägt durch eine Vielzahl graphischer Operatoren, welche drei Arten von graphischen Objekten unterstützen:

- Text:
  kann in verschiedenen Schriftarten in beliebiger Position, Richtung und Skalierung auf einem Sichtgerät dargestellt werden.
- Geometrische Figuren:
  können mit Hilfe graphischer Operatoren durch Festlegung von Form, Richtung, Größe und Farbe konstruiert werden.
- Bilder:
  wie z. B. digitalisierte Photos können in beliebiger Lage und Skalierung dargestellt werden.

Alle graphischen Objekte können mit einfachen Operationen gedreht, vergrößert oder verkleinert werden. Eine Ausgabe kann sowohl auf einem graphischen Display wie auch mit Hilfe eines PostScript-fähigen Druckers auf einem Blatt Papier erfolgen.

Anmerkung : Alle folgenden Beispiele lassen sich direkt im Interaktiv-Modus von PostScript praktisch nachvollziehen. Außerdem ist es möglich, die PostScript-Anweisungen in eine Datei zu schreiben und mit dem Kommando `psh <dateiname>` (unter NeWS) auszuführen.

2.2 Programmierung in PostScript

Etwa ein Drittel aller PostScript-Operationen dient der Behandlung graphischer Objekte, der Rest bildet eine allgemeine Programmiersprache, welche am ehesten noch mit der Sprache FORTH zu vergleichen ist. Bevor die Graphik, die eigentliche Stärke von PostScript, beschrieben wird, ist es notwendig, die allgemeinen Fähigkeiten dieser Sprache zu erläutern.

PostScript stellt die Datentypen *integer, real, boolean, array, string, dictionary, mark* u. a. standardmäßig zur Verfügung. Objekte dieser Datentypen werden mit Hilfe eines Stacks verarbeitet. Die Notation von Ausdrücken erfolgt aus diesem Grund in der Postfix-Schreibweise.

PostScript erlaubt es, auf einfache Weise eigene Funktionen zu konstruieren, die dann wie Standardobjekte eingesetzt werden können.

2.2.1 Arithmetik in PostScript

Im folgenden wird kurz die PostScript-Arithmetik vorgestellt. Wie erwähnt, werden Objekte mit Hilfe eines Stacks verarbeitet. Um nun Objekte der obigen Typen zu verarbeiten, müssen diese zunächst auf einen Stack gebracht werden. Anschließend können sie mit bestimmten Operatoren verknüpft werden. Das Resultat der Verknüpfung liegt dann auf dem Stack; die ursprünglichen Objekte sind verschwunden. Der Stack für solche Operationen ist der User-Stack, für den vom PostScript-System ein bestimmter Speicherbereich reserviert wird. Der Stack besitzt eine feste Länge, so daß der Programmierer sehr genau darauf achten muß, daß kein Overflow entsteht, was bei sorgloser Programmierung vor allem in Schleifen geschehen kann. Ebenso muß darauf geachtet werden, daß kein Stack-Underflow auftritt, d. h. es müssen mindestens so - viele Objekte auf dem Stack sein, wie ein nachfolgender Operator erfordert. Es folgen einige Beispiele zur Arithmetik:

`3 4 add` hinterläßt 7 auf dem Stack,

`4 5 mul` hinterläßt 20 auf dem Stack.

Zur Ausgabe des Ergebnisses auf der Standardausgabe dienen die Operatoren == und `pstack`.

```
8 4 div ==
```

gibt 2 auf dem Display aus, und der Stack ist leer.

```
19 5 sub pstack
```

gibt 14 auf dem Display aus, wobei diese Zahl auf dem Stack liegen bleibt.

Kettenrechnung: `6.5+(3/8) =` wird in PostScript formuliert als

```
3 8 div 6.5 add ==
```

und liefert 6.875.

Transzendente Funktionen: `sin(45)*cos(45)*2 =` wird in PostScript formuliert als

```
45 sin 45 cos mul 2 mul ==
```

und liefert 1.

Anmerkung: In manchen Programmiersprachen (z. B. Pascal) ist es nicht erlaubt, Objekte verschiedener Datentypen miteinander zu verknüpfen, ohne vorher eine Typkonvertierung vorzunehmen. Diese Einschränkung gilt nicht für PostScript. Ein einfaches Beispiel hierfür sieht man in der Anzeige des Taschenrechners in Abb. 2.1. Hier werden zwei reelle Zahlen und eine ganze Zahl miteinander verknüpft. Das Ergebnis der Verknüpfung ist eine reelle Zahl.

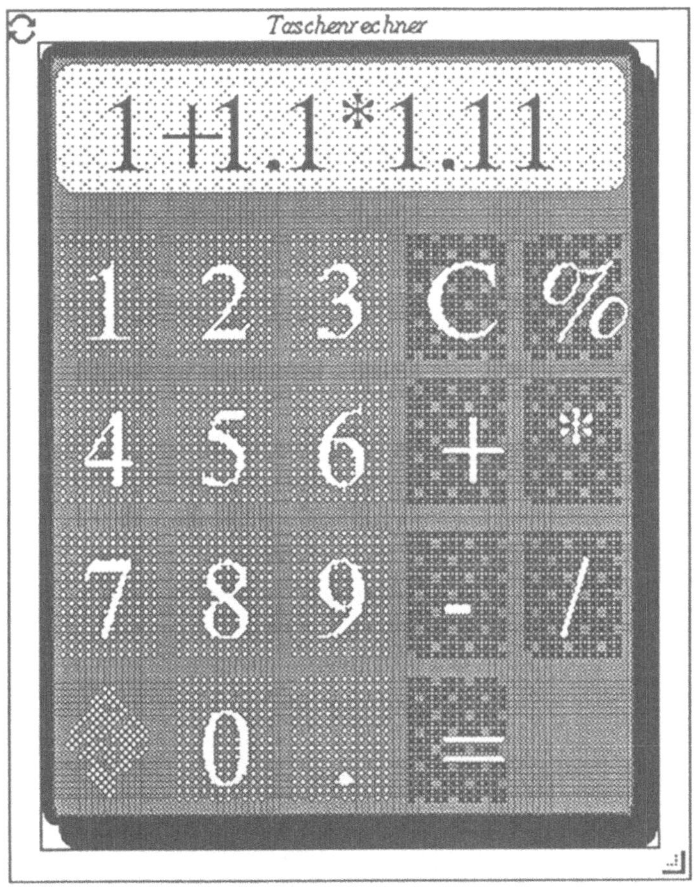

Abb. 2.1. NeWS-Taschenrechner

Zusammenfassung und Erweiterung arithmetischer Operatoren:

a b add	---->	a+b
a b sub	---->	a-b
a b mul	---->	a*b
a b div	---->	a/b
a b idiv	---->	int(a/b)
a b mod	---->	a mod b
a sin	---->	sin(a) (Einheit a : Grad)
a cos	---->	cos(a) (Einheit a : Grad)
a tan	---->	tan(a) (Einheit a : Grad)
a atan	---->	arctan(a)
a log	---->	log(a) (Basis 10)
a sqrt	---->	sqrt(a)
a neg	---->	a:=-a

Zusammenfassung und Erweiterung der Stack-Operatoren:

==	---->	gibt oberstes Stack-Element auf dem Display aus und entfernt es vom Stack
pstack	---->	wie == , allerdings bleibt das oberste Element erhalten
pop	---->	entfernt oberstes Element vom Stack
clear	---->	löscht den ganzen Stack
dup	---->	dupliziert oberstes Stack-Element
exch	---->	vertauscht die beiden obersten Stack-Elemente
n k roll	---->	rotiert die n obersten Stack-Elemente k mal

2.2.2 Prozeduren und Variablen in PostScript

Alle Variablen in PostScript werden in *Dictionaries* geführt. Ein Dictionary ist eine Tabelle mit einem Eintrag für den Namen eines Objektes sowie einem Eintrag für den Wert eines Objektes. Um ein Objekt bzw. seinen Wert zu finden, sucht der PostScript-Interpreter nach dem Namen des Objektes in einer solchen Tabelle. Es gibt zwei Standard-Dictionaries, das *system dictionary* und das *user dictionary*. Im system dictionary sind alle PostScript-Operatoren zusammen mit einer sie verbindenden Aktion gespeichert. Im user dictionary werden vom Benutzer angelegte Prozeduren und Variablen gespeichert. Dictionaries werden wiederum auf einem speziellen Stack geführt, dem Dictionary-Stack.

2.2.2.1 Definition von Variablen in PostScript

Eine Variable wird definiert, indem ihr Name und ihr Wert in das user dictionary eingetragen werden:

```
/x 5 def

/y -89 def
```

Anschließend kann mit x und y wie mit Zahlen gearbeitet werden:

```
x dup add y dup mul add 3 div ==
```

liefert 2643.67.

Um den Wert einer Variablen zu verändern, wird sie einfach neu definiert.

```
/y 456.789 def     ----->     y:=456.789

/x x 1 add def     ----->     x:=x+1
```

2.2.2.2 Definition von PostScript-Prozeduren

Eine PostScript-Prozedur ist eine Menge von Anweisungen, die unter einem Namen zusammengefaßt werden. Die Definition einer Prozedur ist der Definition einer Variablen sehr ähnlich. Es muß lediglich die Menge der Anweisungen, die die Prozedur ausmachen, in geschweiften Klammern stehen. Diese Menge wird auch ausführbares Feld (*executable array*) genannt. Der Aufruf einer Prozedur besteht aus einer Menge von Prozedurparametern und dem Prozedurnamen.

Beispiele:

```
/square { dup mul } def        (* Definition *)
```

definiert eine Prozedur, die ihr Argument, welches sie vom Stack nimmt, quadriert.

Das Resultat befindet sich wiederum auf dem Stack. Man beachte die besondere Rolle des Stacks: Er dient als Pufferbereich sowohl für Übergabe- als auch für Return-Parameter von Prozeduren.

```
6 square ==            (* Aufruf *)
```

liefert 36 auf dem Display.

```
6 square square ==     (* Zweifacher Aufruf *)
```

liefert 1296 auf dem Display.

Auch Rekursion ist möglich (Beispiel: Berechnung der Fakultät):

```
/facul                 (* Definition *)
   {
   dup 1 gt
        { dup 1 sub facul mul } if
   } def
```

(Zum Verständnis der bedingten Anweisung siehe den folgenden Abschnitt.)

```
5 facul ==             (* Aufruf *)
```

liefert 120 auf dem Display.

2.2.3 Bedingte Anweisungen und Schleifen

In diesem Abschnitt wollen wir uns mit der Syntax von Konstrukten zur Programmablaufsteuerung befassen. Hierzu zählen in erster Linie Schleifen und bedingte Anweisungen. Das Herz solcher Konstrukte ist der Vergleich. Um diese Operation zu realisieren, stellt PostScript folgende Vergleichsoperatoren zur Verfügung:

```
eq --->   =      ne  --->  !=

gt --->   >      lt  --->  <

ge --->   >=     le  --->  <=
```

Diese Operatoren vergleichen die obersten zwei Stacke-Elemente, die von beliebigem Typ sein dürfen. Es wird ein Objekt vom Typ boolean auf dem Stack hinterlassen: `true` bzw. `false`. In der Regel macht es jedoch nur einen Sinn, Objekte vom gleichen Typ miteinander zu vergleichen. Die Booleschen Resultate obiger Operatoren können zusammen mit den logischen Operatoren `not`, `and`, `or`, `xor` verwendet werden.

2.2.3.1 Die Syntax von bedingten Ausdrücken

Ein bedingter Ausdruck besteht in seiner einfachsten Form im allgemeinen aus einer Testbedingung und einer Anweisung, die je nach Ergebnis der Testbedingung ausgeführt wird oder nicht. Im folgenden stehe bool für eine Testbedingung, also für einen Ausdruck, der ein Boolesches Resultat (true bzw. false) liefert. Besitzt dieser Ausdruck den Wert true, so werden die gegebenen Anweisungen ausgeführt, im anderen Fall geschieht nichts weiter.

```
bool { Anweisung(en) } if
```

Anweisung(en) werden ausgeführt, wenn bool=true.

Beispiel:

```
a 3 gt { a == } if
```

gibt den Wert von a auf dem Display aus, falls a>3.

Ein etwas komplexerer bedingter Ausdruck ist die ifelse-Anweisung. Sie hat folgendes Aussehen:

```
bool { Anweisung(en)1 } { Anweisung(en)2 } ifelse
```

Anweisung(en)1 werden ausgeführt, wenn bool=true, ansonsten werden Anweisung(en)2 ausgeführt. Auch hierzu ein Beispiel:

```
a b ge { a== } { b == } ifelse
```

liefert das Maximum von a und b auf dem Display.

2.2.3.2 Die Syntax von Schleifen

Um ein festes Programmsegment mehrmals hintereinander - evtl. mit verschiedenen Parametern - ausführen zu können, bedient man sich sogenannter Schleifenkonstrukte. Das bekannteste dürfte wohl die for-Schleife sein:

<u>for</u> i:=start <u>step</u> inc <u>until</u> stop <u>do</u> Anweisung(en)

wird in PostScript formuliert:

```
start inc stop { Anweisung(en) } for
```

Beispiel:

```
1 1 100 { dup 3 mod 0 eq { == } if } for
```

testet alle natürlichen Zahlen von 1 bis 100 auf Teilbarkeit durch 3 und liefert eine Ausgabe der teilbaren Zahlen auf dem Display.

Anmerkung: `start`, `inc`, `stop` können reelle oder ganze Zahlen repräsentieren.

Ein weiteres Schleifenkonstrukt, das man bei sehr vielen Programmiersprachen findet, ist die while-Schleife:

```
while bool do Anweisung(en)
```

Dies wird in PostScript auf folgende Art formuliert:

```
{ bool
      { Anweisung(en) }
      { exit }              ifelse
} loop
```

Beispiel:

```
/x 1 def
/y 100 def
/summe 0 def

{
x y lt  {  /summe summe x add def
           /x x 1 add def  } {exit}  ifelse
} loop
```

bildet die Summe der ersten 100 natürlichen Zahlen und speichert sie in `summe`.

2.2.4 Arrays

Ein Array ist üblicherweise ein n-dimensionaler Vektor, n≥1, dessen Komponenten vom gleichen Typ sein müssen. Bei PostScript gilt diese Einschränkung jedoch nicht. Die Vereinbarung von Arrays erfolgt wie bei Variablen. Es muß nur mit Hilfe des `array`-Operators Speicherplatz bereitgestellt werden.

```
/anarray <platz> array def
```

definiert ein eindimensionales Array mit Namen `anarray`, das `<platz>`-viele Elemente eines beliebigen Typs enthalten darf, wobei `<platz>` eine positive Zahl beliebigen Typs sein muß, deren ganzzahliger Anteil die Anzahl der Array-Elemente angibt. Bei der Deklaration eines Arrays werden alle Elemente auf "null" gesetzt. Der Index der Array-Elemente läuft von 0 bis `<platz>` - 1.

Beispiel:

```
/anarray 3 array def

  anarray pstack
```

liefert [null null null] auf dem Stack.

2.2.4.1 Array-Operatoren

Der wahlweise Zugriff auf Array-Elemente wird in PostScript durch zwei Operatoren realisiert: put und get

```
<array> <position> <objekt> put
```

ersetzt im Array <array> den momentan an Position <position> befindlichen Wert durch den Wert des Objektes <objekt>. Der Stack befindet sich im gleichen Zustand wie vor der Array-Operation.

```
<array> <position> get
```

liefert den Wert des an Position <position> befindlichen Objektes im Array <array> auf dem Stack.

Damit sind die wesentlichen Leistungsmerkmale von PostScript zur Manipulation herkömmlicher Objekte dargelegt. Die Beschreibung von Strings erfolgt aus didaktischen Gründen am Ende von Kap. 2.4.

2.3 Die Graphik von PostScript

2.3.1 Darstellung graphischer Objekte

Graphische Objekte werden nach gewissen Designregeln erstellt, welche in ihrer Gesamtheit ein sogenanntes *Imaging-Modell* ergeben. Es kann etwa folgendermaßen beschrieben werden: Man konstruiere eine Schablone für ein Objekt, lege diese auf eine virtuelle Seite (page) und fülle sie mit beliebiger Farbe aus. Die Schablone entsteht durch einen Pfad von verbundenen Punkten sowie durch Linien und Kurven. Die auf diese Art und Weise 'bemalte' page kann nun auf einem Display oder durch Ausdrucken sichtbar gemacht werden.

2.3.2 Koordinatensysteme

Positionen auf einem Sichtgerät werden durch Koordinatenpaare beschrieben. Jedes solche Gerät besitzt ein eingebautes Koordinatensystem, nach dem Positionen angesprochen werden und das abhängig vom Typ des Sichtgerätes stark variieren kann. Dieses System wird *build-in-device space* genannt.

Im Gegensatz hierzu existiert ein geräteunabhängiges Koordinatensystem (user space) auf der virtuellen Seite. Bevor nun eine solche virtuelle Seite sichtbar gemacht wird, findet eine automatische Transformation der User-Koordinaten in Device-Koordinaten statt. Der Programmierer braucht sich somit nicht um spezielle Eigenschaften von device spaces zu kümmern, was dem PostScript-Imaging-Modell eine große Unabhängigkeit verleiht. Der user space kann vom Programmierer geändert werden. Es gibt drei Möglichkeiten:

- Verlegung des Ursprungs

- Rotation der Achsen

- Skalierung der Achsen

Bezüglich Details siehe Kap. 2.3.3.

2.3.3 Programmierung der Graphik

Wie erwähnt, besteht das Erstellen von Graphiken in PostScript aus der Konstruktion eines Pfades auf einer virtuellen Seite, der sogenannten *current page*. Der Pfad setzt sich dabei aus einer Menge von Linien und Kurven zusammen, die entweder ein Gebiet definieren, welches mit Farbe gefüllt werden soll, oder aber eine Trajektorie, die gezeichnet werden soll. Wenn der Pfad erst definiert ist, kann er auf einem physikalischen Medium sichtbar gemacht werden. Zur Veranschaulichung beginnen wir mit einem Beispiel: Es soll eine Linie zwischen zwei Punkten p1(10, 10) und p2(200, 100) gezeichnet werden. Dies wird folgendermaßen realisiert:

Anmerkung : Der Ursprung des Bildschirm-Koordinatensystems O(0, 0) liegt standardmäßig in der linken unteren Bildschirmecke, er ist auch der *current point* zu Beginn einer neuen Graphik.

```
newpath
10 10 moveto
200 100 lineto
stroke
```

Dieses Kurzprogramm enthält bereits vier leistungsstarke Graphikoperationen.

`newpath`	Deklaration eines neuen Pfades, der zum aktuellen Pfad wird (current path)
`10 10 moveto`	setzt den aktuellen Punkt (current point) auf die Koordinaten (10, 10)
`200 100 lineto`	fügt ein Liniensegment zum aktuellen Pfad hinzu; (200, 100) wird current point für weitere Anweisungen.

Achtung: Die `lineto`-Anweisung zeichnet noch keine Linie, sie verändert nur den aktuellen Pfad!

`stroke` zeichnet den momentanen Pfad auf den Bildschirm

Damit ist die prinzipielle Vorgehensweise zur Darstellung von Graphiken dargelegt worden. Im folgenden werden nun an einfachen Beispielen weitere Operationen erläutert: Es soll eine Prozedur definiert werden, die ein Quadrat beliebiger Kantenlänge an beliebiger Bildschirmposition zeichnet. Ferner soll die Füllfarbe des Quadrates frei wählbar sein. Alle Quadrat-Parameter sollen dabei auf dem Stack übergeben werden:

```
/quadrat        (* Definition *)
   {
   newpath
     moveto
      dup 0 rlineto
      dup 0 exch rlineto
      neg 0 rlineto
   closepath

   setgray
   fill
   } def
```

Aufruf der Prozedur: `<Farbe> <Kantenlänge> <x> <y> quadrat`. Mit dem Aufruf

```
0.5 100 50 50 quadrat
```

wird dann ein Quadrat der Kantenlänge 100 mit linker unterer Ecke an (50, 50) und dem Farbwert 0.5 gezeichnet. Ein Farbwert von 0.5 bedeutet eine mittlere Färbung, 0 entspricht schwarz, 1 entspricht weiß. Als neue Operationen treten in diesem Beispiel

`rlineto`, `closepath`, `setgray` und `fill`

in Erscheinung.

```
<rel_x> <rel_y> rlineto
```

funktioniert wie `lineto`, jedoch beziehen sich seine Koordinaten auf den current point.

Ebenso wie `rlineto` gibt es auch zu `moveto` ein Synonym:

```
<rel_x> <rel_y> rmoveto
```

verlagert den current point relativ zum current point.

Beispiel:

```
100 100 moveto
0 100 rmoveto
```

Der current point besitzt jetzt die Koordinaten (100, 200)!

`closepath` Verbindet den current point mit dem letzten Punkt, der mit `moveto` bzw. `rmoveto` angesprochen wurde.

`fill` füllt einen geschlossenen Pfad, also ein Gebiet mit Farbe, die mit `<color> setgray` definiert wurde.

Mit diesen Operationen lassen sich im Prinzip alle möglichen graphischen Gebilde realisieren. Die `lineto`-Operation ermöglicht schließlich auch das Zeichnen von Punkten. Im folgenden werden nun noch Operationen zur Manipulation des user space erläutert, wie Rotation, Skalierung und Translation.

2.3.3.1 Translation

Unter Translation wird hier die Verlegung des Koordinatenursprungs O(0, 0), der sich standardmäßig in der linken unteren Bildschirmecke befindet, auf einen beliebigen Bildschirmpunkt verstanden. Dies geschieht mit folgender Anweisung:

```
<x> <y> translate
```

setzt O(0, 0) auf die Koordinaten (`<x>`, `<y>`).

2.3.3.2 Rotation

Mit einem einfachen Kommando ist es auch möglich, das User-Koordinatensystem zu drehen:

```
<grad> rotate
```

dreht das User-Koordinatensystem um `<grad>` Grad gegen den Uhrzeigersinn. Als Beispiel betrachte man Abb. 2.2, die den Planeten Saturn und einige seiner Monde darstellt. Neben Rotation wurde auch Translation eingesetzt.

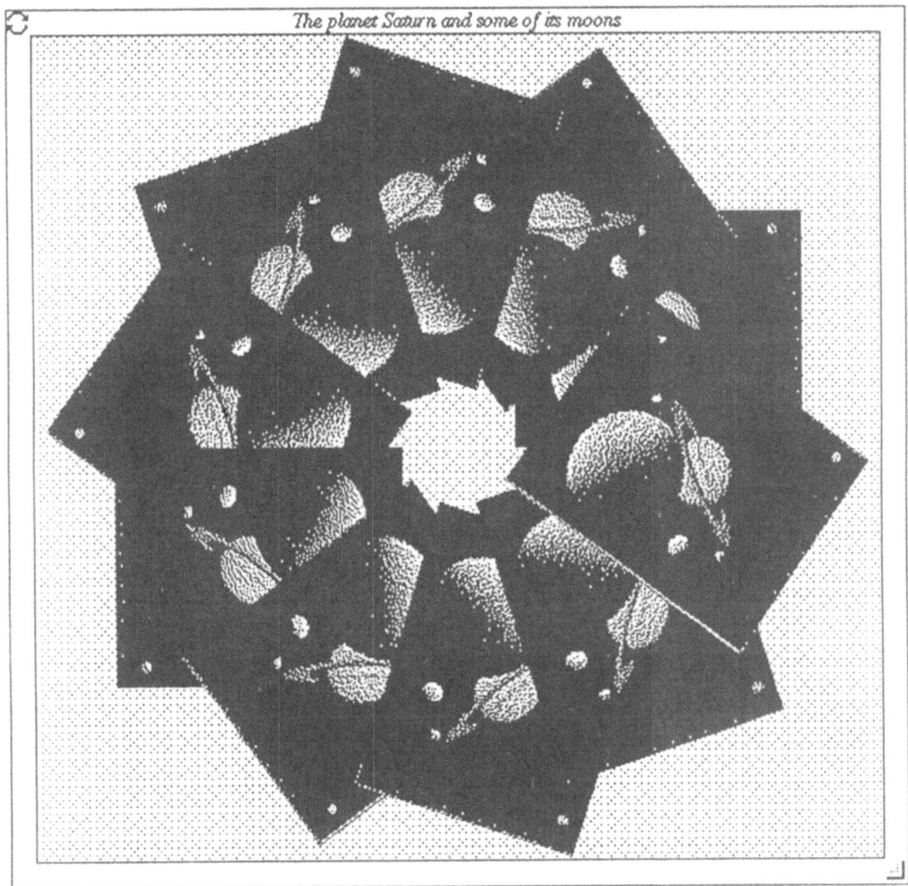

Abb. 2.2. Beispiel zur Rotation und Translation

2.3.3.3 Skalierung

Eine dritte Möglichkeit zur Beeinflussung des user space ist die der Skalierung. Sie erlaubt vor allem Formänderungen geometrischer Figuren, sowohl hinsichtlich ihrer Größe als auch ihrer Gestalt.

```
<xs> <ys> scale
```

hat zur Folge: eine Einheit auf der x-Achse besteht aus `<xs>`-Punkten, eine Einheit auf der y-Achse besteht aus `<ys>`-Punkten.

Die drei hier erläuterten Möglichkeiten zur Veränderung des user space sollen nun noch in zwei Programmen (s. Kap. 2.3.4.1 und 2.3.4.2) veranschaulicht werden. Doch zunächst in Abb. 2.3 ein Beispiel zur Skalierung:

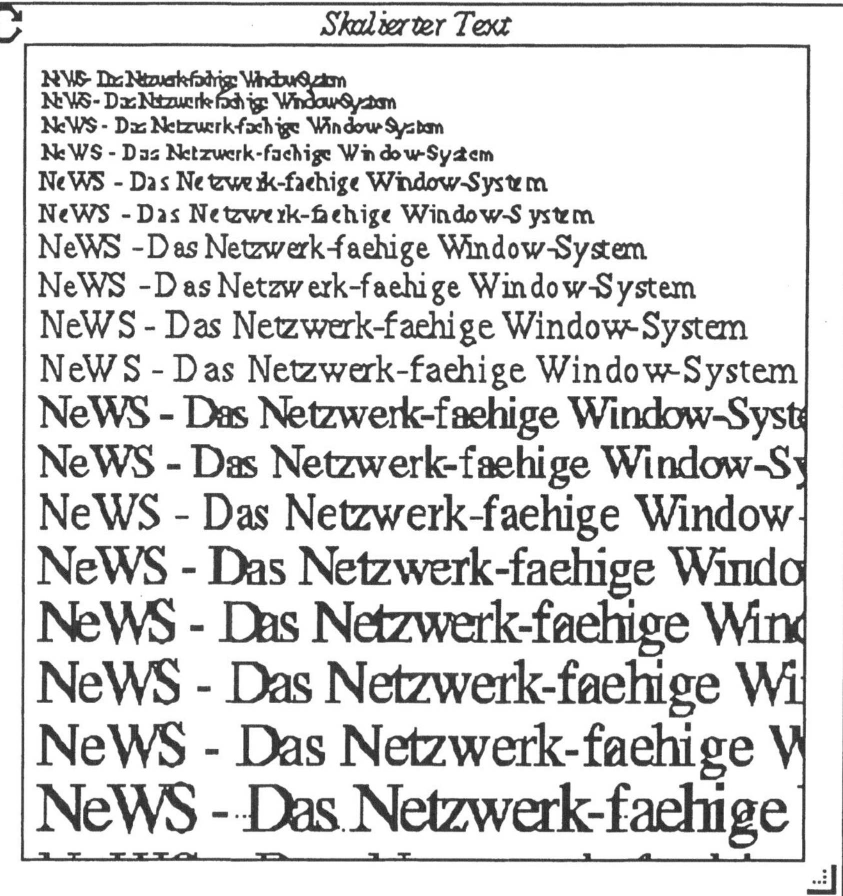

Abb. 2.3. Beispiel zur Skalierung

2.3.4 Zwei komplette Beispiele

2.3.4.1 Ein gleichseitiges Dreieck

Im ersten Beispielprogramm soll der Rahmen eines gleichseitigen Dreiecks an beliebiger Bildschirmposition mit beliebiger Seitenlänge gezeichnet werden. Seitenlänge und Position sind dem Programm bei seinem Aufruf auf dem Stack zu übergeben.

```
/triangle
   {
   gsave
     newpath
          moveto
          currentpoint translate
```

```
          dup 0 rlineto
          currentpoint translate
          120 rotate
          dup 0 rlineto
          currentpoint translate
          120 rotate
          0 rlineto
    stroke
  grestore
  } def
```

Das Programm kann nun mit <Kantenlänge> <x> <y> triangle aufgerufen werden. Bei der Programmierung wurden noch einige nützliche Operationen verwendet:

currentpoint	hinterläßt x- und y-Koordinate des momentanen Pfadendpunktes auf dem Stack
gsave	sichert den momentanen Graphikstatus: Hierzu gehören der momentane Pfad, Farbwerte, Skalierungs-Faktoren, Koordinatenursprung und anderes.
grestore	stellt den Graphikzustand, der mit gsave gesichert wurde, wieder her.

Die Klammerung obigen Programmes mit gsave-grestore ist insofern notwendig, als daß der Koordinatenursprung nach jedem Programmaufruf wieder in die linke untere Bildschirmecke gelegt wird!

2.3.4.2 Aus einem Kreis werden Ellipsen

Im zweiten Beispiel wollen wir uns noch einmal mit der Skalierung beschäftigen und aus einer geometrischen Grundfigur durch Veränderung der Skalierung weitere Figuren erzeugen.

PostScript stellt standardmäßig die Operation zum Zeichnen eines Kreispfades zur Verfügung:

```
<x> <y> <radius> <startwinkel> <endwinkel> arc
```

erzeugt einen Teil eines Kreispfades mit Mittelpunkt (<x>, <y>) und Radius <radius>. Die Länge und Lage des Kreispfades hängt von <startwinkel> und <endwinkel> ab. Der Winkel 0 Grad und der Winkel 360 Grad fallen auf die positive x-Koordinatenachse. Die Winkel werden gegen den Uhrzeigersinn gezählt.

Beispiel:

```
100 100 50 0 360 arc
stroke
```

zeichnet einen Vollkreis mit Mittelpunkt (100, 100) und Radius 50.

```
200 200 100 90 270 arc
stroke
```

zeichnet einen nach rechts offenen Halbkreis mit Mittelpunkt (200, 200) und Radius 100.

Und nun eine Ellipse:

```
/ellipse
   {
   gsave
      newpath
      1 scale
       250 250 80 0 360 arc
      stroke
   grestore
   } def
```

Der Programmaufruf geschieht mit <xscale> ellipse.

Dabei wird für xscale>1 eine Ellipse und für xscale<1 ein Ei gemalt. xscale=1 ergibt einen Kreis. Man beachte die Klammerung mit gsave-grestore zur Wiederherstellung der ursprünglichen Skalierungen.

Damit sind die wesentlichen Operatoren zur Bildung geometrischer Figuren beschrieben. Es gibt noch eine Reihe weiterer nützlicher Anweisungen, deren Beschreibung aber den Rahmen dieser Einführung übersteigt. Vielmehr soll nun noch auf die Darstellung von Text eingegangen werden.

2.4 Darstellung von Text

Jede höhere Programmiersprache sollte in der Lage sein, Text darzustellen und zu verarbeiten. Hier interessiert uns in erster Linie die Darstellung von Text auf einem Sichtgerät. In PostScript werden Textdaten durch String-Objekte repräsentiert. Ein String besteht dabei aus einer beliebigen Folge von Zeichen, eingeschlossen in runden Klammern. Ein String kann auf den Stack gebracht, einer String-Variablen zugewiesen oder auf einem Sichtgerät dargestellt werden. Selbstverständlich bietet PostScript auch Hilfen zur Konkatenation von Strings oder Liefern von Teilstrings, doch soll uns dies hier nicht interessieren.

PostScript läßt dem Programmierer viel Freiheit in der Art und Weise, wie ein String auf einem Sichtgerät erscheinen soll. Der Anwender kann deshalb die Schriftart, die Größe und Position der Darstellung frei bestimmen.

Die Beschreibungen der verschiedenen Schriftarten (fonts) befinden sich in einem sogenannten *font dictionary*. Wenn die Darstellung nun in einer bestimmten Schriftart erfolgen soll, muß diese zunächst spezifiziert werden. Wir wollen dies mit der Schriftart Helvetica versuchen.

```
/Helvetica findfont
```

sucht die Schriftart Helvetica in dem Dictionary namens FontDirectory und bringt das für diese Schriftart spezifische font dictionary auf den Stack. Als nächstes muß die Schriftgröße angegeben werden. Der Operator

```
<font-dict> <scale-factor> scalefont
```

erwartet auf dem Stack ein font dictionary und eine positive reelle Zahl, die die Größe der Zeichen in user space-Einheiten festlegt. Er hinterläßt dabei das neue skalierte font dictionary auf dem Stack.

```
30 scalefont
```

gibt den Schriftzeichen der Schriftart Helvetica, die bereits oben auf den Stack gebracht wurde, eine Größe von 30 * 30 Bildschirmpunkten (der user space wurde nicht neu skaliert, und somit entspricht eine Einheit einem Pixel). Jetzt muß die initialisierte Schriftart mittels des `setfont`-Operators nur noch zur aktuellen Schriftart (currentfont) gesetzt werden.

```
setfont
```

Mit den Anweisungen

```
200 200 moveto
(Dies ist ein String !) show
```

bringt man schließlich den Text "`Dies ist ein String !`" ab Position (200, 200) auf ein Sichtgerät. Der

```
(<string>) show
```

Operator nimmt also einen String vom Stack und stellt ihn ab dem current point, der zuvor mit `moveto` gesetzt wurde, dar. Der neue current point liegt danach direkt rechts unten neben dem letzten Zeichen des Strings, so daß mit

```
( Dies ist auch ein String !) show
```

direkt hinter diesem Zeichen weitergeschrieben werden kann. Man beachte das Leerzeichen zu Beginn des letzten Strings, damit ein Zwischenraum bei der Darstellung entsteht.

Die Speicherung von Strings unter einem Namen, also in einer Stringvariablen, geschieht genau wie die Speicherung von arithmetischen Objekten, nur muß der String dabei in runden Klammern stehen. Bei einer solchen Definition wird automatisch genügend Speicherplatz vom PostScript-Interpreter für den String reserviert.

```
/s (Dies ist ein String ! ) def
```

definiert eine Stringvariable mit Namen `s`. Anschließend kann der in `s` gespeicherte Text mit

```
s show
```

ausgeben werden, wobei die oben gemachten Spezifikationen der Schriftart weiterhin gültig sind. Beim `show`-Operator ist zu beachten, daß vor seiner Anwendung ein current point gesetzt ist. Dies kann z. B. mit dem `moveto`-Operator geschehen. Mit der

```
<länge> string
```

Operation kann ein Leerstring einer bestimmten Länge erzeugt werden:

```
/t 10 string def
```

definiert eine Stringvariable mit Namen `t`, die 10 Zeichen lang sein darf.

Anregung: Man experimentiere doch einmal mit verschiedenen Schriftarten wie Times-Roman, Times-Italic, Times-Bold und nutze dabei auch die Möglichkeit des Rotierens des user space aus.

2.5 Darstellung von Zahlen

Da der PostScript-Operator `show` nur Strings als Argumente zuläßt, müssen andere Objekte, wie beispielsweise Zahlen, zuerst in Strings umgewandelt werden, um sie darstellen zu können. Die hierzu erforderliche Funktion lautet:

```
<objekt> <stringobjekt> cvs
```

Diese Funktion erwartet ein beliebiges Objekt und ein String-Objekt auf dem Stack. Sie konvertiert dabei ersteres in einen String, packt diesen in das String-Objekt und hinterläßt den Inhalt des String-Objektes auf dem Stack. Dabei muß darauf geachtet werden, daß das String-Objekt zuvor genügend groß initalisiert wurde.

Beispiel:

```
/str 10 string def
/zahl 12345 def
/Times-Roman findfont
20 scalefont
setfont
```

```
100 100 moveto
zahl str cvs
show
```

bringt den Inhalt der Variablen Zahl ab Position (100, 100) in der Schriftart Times-Roman in einer Schriftgröße von 20 user space-Einheiten auf das Display.

In Kap. 2.2.1 wurden die Operatoren == und pstack eingeführt, mit denen sich ebenfalls Zahlen ausgeben lassen, jedoch gilt dies nur für die Standardausgabe. Dies heißt z. B. bei NeWS: Wurde ein PostScript-Programm in einem Terminal-Window gestartet, so erscheinen alle Ausgaben, die mit pstack und == erzeugt werden, an der momentanen Position des Cursors in diesem Window, wobei der Cursor automatisch hinter die zuletzt getätigte Ausgabe gesetzt wird. Um beliebige Objekte an beliebiger Position auszugeben, sind diese daher zuerst in Strings zu wandeln und dann dem show-Operator zu übergeben.

2.6 Drucken

Wie zu Beginn erwähnt, eignet sich PostScript speziell für Drucker mit PostScript-Interpreter, d. h. alle Graphiken können auch zu Papier gebracht werden. Dies ist auch mit den hier besprochenen graphischen Beispielen möglich. Dazu muß nur an das jeweilige Programmende ein Operator, der showpage-Operator, hinzugefügt werden, welcher einen zuvor modifizierten user space auf einem Drucker zur Ausgabe bringt.

Wie der Aufbau einer Verbindung zu einem PostScript-fähigen Drucker hergestellt wird, hängt jeweils von der Gerätekonfiguration ab. Bei Verwendung eines Apple Macintosh mit Laserwriter und dem AppleTalk-Kommunikationssystem wird ein in einer Datei befindliches PostScript-Programm mittels der download-Utility an den Laserwriter übertragen, dort vom PostScript-Interpreter interpretiert und somit eine graphische Ausgabe erzeugt.

2.7 Zusammenfassung

Dieser Überblick über die allgemeinen wie auch graphischen Fähigkeiten von PostScript erhebt keinesfalls den Anspruch auf Vollständigkeit. Es wurden aber die wichtigsten und leistungsfähigsten Kommandos erklärt, wie sie auch von NeWS verwendet werden. Hierbei seien nochmals die graphischen Fähigkeiten dieser Sprache hervorgehoben. Auf komplexe Arithmetik sollte man jedoch nach Möglichkeit verzichten wegen des nicht allzu schnellen PostScript-Interpreters. Im Zusammenhang mit NeWS werden hierfür in späteren Kapiteln effizientere Vorgehensweisen vorgestellt.

Dem Leser sei dringend empfohlen, praktisch mit PostScript zu arbeiten. Die Fehlersuche gestaltet sich etwas schwieriger als z. B. in Pascal oder Simula. Immerhin gibt es unter NeWS auch einen PostScript-Debugger, mit dem sich die

Inhalte von Variablen und Stacks während der Laufzeit eines Programmes ansehen lassen.

Wer mehr Licht (siehe folgendes Bild) in die Welt von PostScript bringen möchte, der sei auf das PostScript-Reference-Manual [ADO85a] und auf [ADO89] verwiesen, wo man auch eine Fülle von Programmbeispielen findet.

Abb. 2.4. Digitalisiertes Bild

3 NeWS - Ein Window-System

3.1 Einführung in NeWS

Wie bereits in der Einleitung erwähnt, werden fensterorientierte Workstations mit hochauflösenden Bildschirmen zu immer attraktiveren Arbeitsplätzen und finden verstärkte Akzeptanz in wissenschaftlich-technischen Bereichen. Doch auch im privaten Anwenderbereich sind Window-Systeme ([GoRA89], [Gutm], [Maur87]) mittlerweile wegen ihres Komforts zum nicht mehr wegzudenkenden Standard geworden. Unter der Vielzahl von z. Z. am Markt erhältlichen Window-Systemen zeichnet sich NeWS, ein Sun-Microsystem-Produkt, vor allem durch zwei Eigenschaften aus, nämlich Netzwerkfähigkeit und Erweiterbarkeit, die sich auch im Namen wiederfinden:

N e W S = Network extensible Window System

Was bedeutet erweiterbar? NeWS basiert auf der Programmiersprache PostScript und ist als Erweiterung derselben anzusehen. Diese Sprache wurde u. a. um Funktionen zum Erzeugen und Manipulieren graphischer Objekte erweitert und kann auch vom Benutzer jederzeit um weitere Funktionen erweitert werden. Die graphischen Fähigkeiten von PostScript dienen somit als Rüstzeug für NeWS. Es gibt drei Arten von graphischen Objekten (Texte, geometrische Figuren und Bilder), die alle nach den gleichen Designregeln erstellt werden und in ihrer Gesamtheit ein sogenanntes Imaging Model ergeben. Dies kann man sich etwa folgendermaßen vorstellen: Man konstruiert eine Schablone für ein Objekt, legt diese auf eine virtuelle Seite (in NeWS-Terminologie Canvas genannt) und füllt sie mit beliebiger Farbe aus. Die Schablone entsteht durch einen Pfad von verbundenen Punkten und Linien. Die abstrakte Layout-Beschreibung innerhalb des Imaging Modells ist bis hierher "geräte"-unabhängig, d. h. die auf diese Weise "bemalte" Seite kann sowohl auf einem PostScript-fähigen Drucker als auch auf einem Graphikbildschirm ausgegeben werden. Im Falle der Bildschirmausgabe erhält der bereits eingeführte Begriff der virtuellen Seite eine zusätzliche Bedeutung. Canvases sind zweidimensionale Zeichenflächen, die sich überlagern können und auf dem Bildschirm demzufolge überlappend gezeichnet werden. Durch die Möglichkeit, Canvases "auf Events (Ereignisse)" reagieren zu lassen bzw. diese zu bemerken, läßt sich die übliche Funktionalität eines "Standard-Window-Systems" mit NeWS realisieren. Einem "Window" im üblichen Sinne entspricht bei NeWS eine beliebige Zeichenfläche mit einem beliebigen Layout, die u. a. auf Benutzeraktionen reagieren kann. Die Kreierung und Manipulierung von Window-Objekten wird in Kap. 3.3.3 ausführlich beschrieben.

Als weitere Eigenschaft steht bei NeWS vor allen Dingen die Netzwerkkommunikation im Vordergrund, mit der wir uns wegen ihrer großen Bedeutung im folgenden näher auseinandersetzen wollen. Dadurch bietet NeWS neben der Erfüllung der üblichen Aufgaben eines Window-Systems zusätzlich die Möglichkeit, Windows verteilt über ein Netzwerk zu verwalten. In Abb. 3.1 findet sich eine typische Umgebung von NeWS.

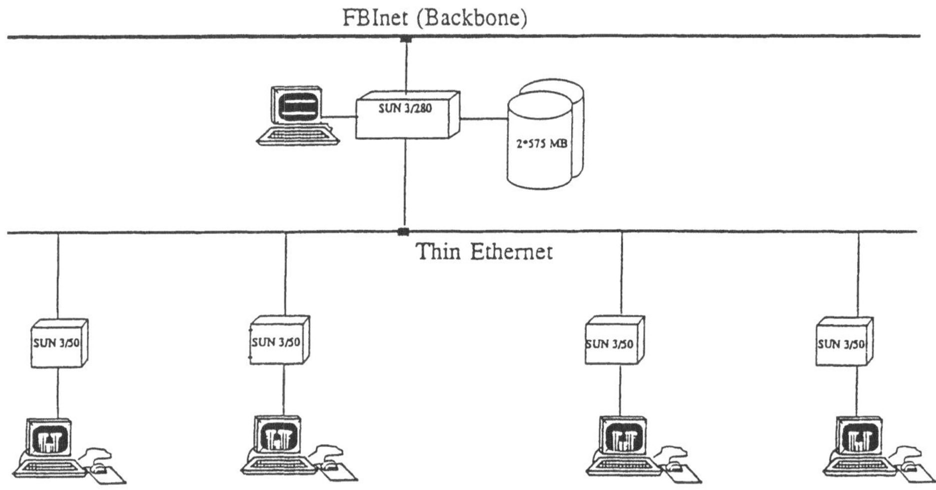

Abb. 3.1. Sun-Cluster mit Thin Ethernet, der zentrale Fileserver dient als Gateway zum Backbone-Ethernet

NeWS läuft dabei als Window-Server auf irgendeiner Maschine im Netz und verwaltet in erster Linie Ein- und Ausgaben, insbesondere graphische Ausgaben auf einem Display. Die Anwendungsprogramme (in NeWS-Terminologie Clients genannt) laufen entweder lokal auf der gleichen Workstation wie NeWS oder auf Remote-Rechnern irgendwo im Netzwerk. Die Kommunikation zwischen dem NeWS-Server und den NeWS-Clients geschieht nicht mit Hilfe eines festen Protokolles, sondern durch das Verschicken von relativ kurzen PostScript-Programmen, die im Gegensatz zum Versenden von umfangreichen festen Protokollsequenzen (wie z. B. bei X-Windows) eine geringere Netzbelastung verursachen. Da NeWS ein Server-basiertes System ist, befindet sich der gesamte Window-System-Code, insbesondere der PostScript-Interpreter, zentral im Window-Server-Prozeß, was zur Folge hat, daß - anders als bei Kernel-basierten Systemen (z. B. SunView) - das Hinzulinken von aktuell benötigtem Code zu jedem Client entfällt.

Durch seine Netzfähigkeit erlaubt NeWS dem Benutzer einer Workstation A, Aufträge zu delegieren, indem bspw. ein ausführbares Objekt auf eine Workstation B mit besonderen Fähigkeiten transferiert wird und dann auf dieser Workstation abläuft. Schließlich werden die Resultate zurück nach Workstation A transferiert. Ein

Anwendungsprogramm besteht üblicherweise aus zwei Hauptteilen. Der eine Teil, in C, FORTRAN oder einer anderen Programmiersprache geschrieben, wird benötigt, um die normalen Berechnungen durchzuführen und der andere Teil, der in PostScript geschrieben sein muß, wird benutzt, um die entsprechenden Fenster oder Graphiken zur Verfügung zu stellen. Diese PostScript-Anteile werden von den Anwendungsprogrammen abgetrennt und dem NeWS-Server zur Ausführung geschickt. Zur Erleichterung von Interaktionen zwischen in C geschriebenen Clients und dem PostScript-interpretierenden NeWS-Server wurde die Schnittstelle CPS (Schnittstelle C <-> PostScript) entwickelt (s. auch Kap. 4.3). Diese Schnittstelle beruht auf der Idee, auf Client-Seite ein PostScript-Programm zu konstruieren, und es dem Server zwecks Ausführung zu senden. Während der Ausführung ist eine bidirektionale Kommunikation zwischen Client und Server möglich. Der Programmierer hat somit die Wahl, seine Berechnungen lokal, d.h. auf Client-Seite, oder auch auf andere Rechner verlagert von NeWS ausführen zu lassen. So können z. B. Anwendungen aus den Bereichen Numerik, Graphik oder Informationshaltung sowie Ausgabefenster auf die jeweils geeigneten Geräte verteilt werden. Durch die Fähigkeit, Fenster verteilt über ein Netz zu verwalten, und die durch PostScript gebotenen graphischen Möglichkeiten stellt NeWS eine geeignete Basis zur Entwicklung verteilter Anwendungen dar, siehe z. B. [Kump88].

Eine Anwendung sei in Abb. 3.2 veranschaulicht, wo zwei Spezialmaschinen mit einem NeWS-Server auf einer Workstation über ein Netzwerk kommunizieren.

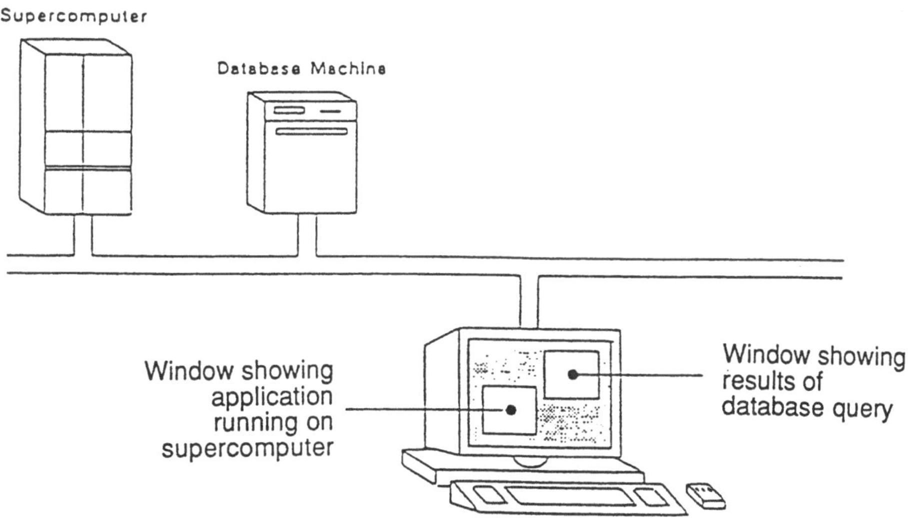

Abb. 3.2. Ein NeWS-Szenario (aus [Sun87b])

3.2 Die Architektur von NeWS

3.2.1 NeWS - ein Server-basiertes Window-System

Bei den heutzutage auf dem Markt angebotenen Window-Systemen unterscheidet man zwischen Kernel- und Server-basierten Window-Systemen. Hierzu bedarf es zunächst einiger Vorbemerkungen.

In Betriebssystemumgebungen, in denen alle Prozesse einen gemeinsamen Adreßraum haben, ist ein Window-Manager - ein Prozeß , der als Bindeglied zwischen Benutzer und Anwendung fungiert sowie zum Window-Handling benötigt wird - sehr einfach zu realisieren. Die Koordinierung mit anderen Prozessen, mit denen er Informationen austauschen muß, um seine Window-Operationen ausführen zu können, wird dadurch sehr erleichtert.

UNIX-Prozesse besitzen jeweils einen eigenen Adreßraum. Da die Adreßräume der einzelnen Clients getrennt sind, bedarf es zur Erfüllung der Funktion eines Window-Servers - ein Programm, das die Hardware-Ein--/Ausgabe und die Ein-/Ausgabe der Anwendungsprogramme verwaltet - eines erhöhten Aufwandes .

Bei NeWS findet nun eine Mischung beider Prozeßumgebungen statt, indem zwar weiterhin UNIX-Prozesse (Clients) mit eigenen Adreßräumen existieren (sogenannte Heavyweight-Prozesse), aber alle Prozesse, die für Window-System-spezifische Aufgaben von UNIX-Prozessen generiert werden, teilen sich einen gemeinsamen Adreßraum. Letztere sind die Lightweight-Prozesse [Geih87], die weiter unten noch genauer beschrieben werden. Der Adreßraum, den sich die Lightweight-Prozesse teilen, wird von einem einzigen UNIX-Prozeß, einem sogenannten Server-Prozeß verwaltet. In diesen Adreßraum ist auch der Code für graphische Operationen integriert, der von allen Lightweight-Prozessen angesprochen werden kann. Ein solches Window-System nennt man daher Server-basiertes System.

Eine andere Möglichkeit ist das Kernel-basierte Window-System, wo sich der Code des Window-Systems entweder im Kernel des Betriebssystems (d. h. im selben Adreßraum wie der Client) befindet oder zu jedem Client dazugebunden werden muß. Diese letzte Form der Realisierung findet man z. B. bei SunView. Der Zugriff der Clients auf ihr spezielles Window wird mit Hilfe des Betriebssystems (Locking-Mechanismus) geregelt, und der Programmcode zur Ausführung bestimmter Window-Operationen wird zu jedem Client hinzugelinkt, sofern dieser solche Operationen benötigt.

Der Vorteil eines Server-basierten Systems ist offensichtlich: Es wird nur ein einziges Exemplar des Graphikcodes in einem UNIX-Prozeß, nämlich im Server-Prozeß, benötigt, der von allen Clients angesprochen werden kann. Die Clients kommunizieren dazu über Byte-Ströme mit dem Server und müssen sich deshalb nicht auf der gleichen Maschine befinden, woraus sich der Vorteil der Netzwerkfähigkeit ergibt. Beim Kernel-basierten Systemen ist die Netzwerkfähigkeit nicht gegeben. Zudem werden alle Client-Programme durch Hinzulinken des Graphikcodes aufgebläht, so daß hier relativ viel Speicherplatz benötigt wird und gegebenenfalls häufiger Seitenwechsel erforderlich sind.

3.2.2 Client/Server-Kommunikation via PostScript

Prozeßkommunikation vollzieht sich allgemein durch Übertragung von Meldungen von einem Prozeß (Sender) zu einem anderen (Empfänger) über ein Übertragungsmedium. Meldungen bestehen dabei gewöhnlich aus einer Folge von Kommandos und Parametern, welche in ihrer Gesamtheit als eine sehr einfache Sprache betrachtet werden können. Was passiert, wenn diese Sprache Turing-äquivalent ist? Die Prozeßkommunikation ist dann nicht auf das Senden von einfachen Meldungen eingeschränkt; es können sogar Programme übertragen werden, die vom Empfänger ausgeführt werden.

Die Grundidee dieses Konzeptes geht auf PostScript zurück. Dort schicken Anwendungen, die einen Druckwunsch haben, PostScript-Programme an einen Drucker, der diese interpretieren kann und eine entsprechende Ausgabe liefert. NeWS macht sich das Konzept für seine Client/Server-Kommunikation zunutze, was weitreichende Auswirkungen hinsichtlich Flexibilität, Umgang mit Leistungs- und Synchronisationsproblemen hat. Man betrachte etwa folgendes Beispiel: Um ein Raster auf einem Display darstellen zu wollen, muß nicht eine große Anzahl von Linien an das Window-System geschickt werden, sondern nur ein einziges Programm, welches die Iteration für das Raster enthält; aufgrund der Netzwerkfähigkeit des Window-Systems kann die Ausgabe auch auf einem anderen Rechner erfolgen.

Damit wird das netzweite Versenden von Programmen in einer höheren Programmiersprache zwecks Durchführung Window-System-spezifischer Aufgaben, wozu in erster Linie die Steuerung von Eingaben und Ausgaben in einer Vielzahl von Fenstern gehört, zu einem wesentlichen Bestandteil von NeWS.

3.2.3 Kommunikationswege in NeWS

Clients kommunizieren mit dem NeWS-Server über PostScript-Programme, die in Form von Byte-Strömen übertragen werden. Für jeden empfangenen Byte-Strom wird vom NeWS-Server ein Lightweight-Prozeß einschließlich PostScript-Interpreter generiert, der den Ankunftsstrom bearbeitet. Diese Prozesse können Operationen auf dem Display ausführen oder Eingaben von Keyboard oder Maus empfangen. Lightweight-Prozesse kommunizieren untereinander über Events (siehe Kap. 3.5) Events werden entweder von Lightweight-Prozessen selbst oder durch die Eingabegeräte generiert.

Abbildung 3.3 zeigt die Kommunikationswege zwischen den Clients, den Ein-/ Ausgabegeräten und den Lightweight-Prozessen innerhalb des Servers. Während Client 1 auf eine Eingabe vom Keyboard wartet, möchte Client 2, abhängig von einer vom Benutzer gemachten Menüauswahl, eine Ausgabe auf das Display machen. Es werden deshalb zwei für diese Anforderungen nötige Lightweight-Prozesse innerhalb des Servers generiert. Der Lightweight-Prozeß für Client 2 kommuniziert mit dem für das Menü zuständigen Lightweight-Prozeß.

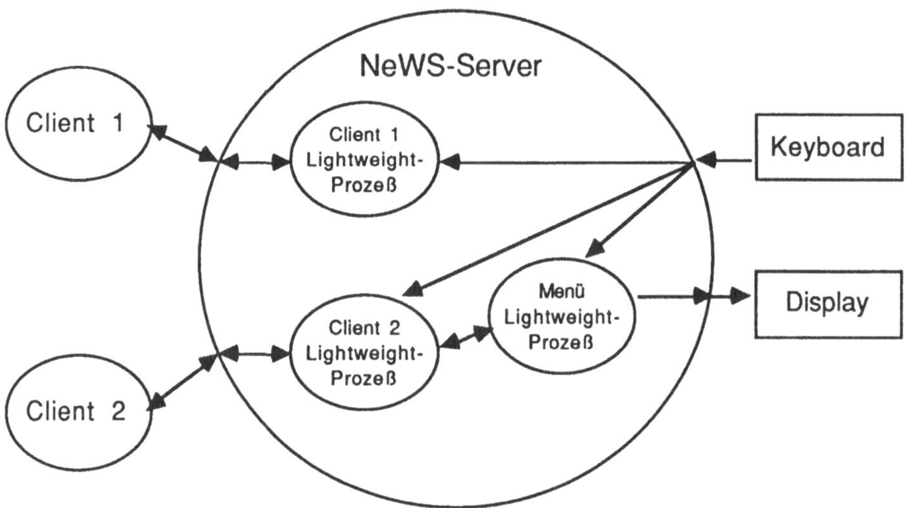

Abb. 3.3. Kommunikationswege in NeWS

3.2.4 Der Lightweight-Prozeßmechanismus

Das Herz von NeWS ist der NeWS-Server-Prozeß, der quasi als Betriebssystem für die Lightweight-Prozesse fungiert, da er deren Scheduling und die Synchronisation regelt. Die Anzahl der UNIX-Prozesse, die mit einem Server kommunizieren können, ist durch einen voreingestellten Kernel-Parameter limitiert. Die Anzahl der Lightweight-Prozesse ist nur durch den vorhandenen virtuellen Speicherplatz begrenzt.

Alle Prozesse befinden sich in einem gemeinsamen Adreßraum gemäß des Server-basierten Modells. Sie erscheinen nicht in der UNIX-Prozeßliste aller momentan laufenden Prozesse, wie man sie sich beispielsweise in UNIX mit dem ps-Kommando anzeigen lassen kann. Sie sind vielmehr interne Prozesse und am besten noch als "parallel" laufende Prozeduren eines Pascal-Programmes vorstellbar, insbesondere hinsichtlich des gemeinsamen Adreßraumes. Der NeWS-Server-Prozeß, vergleichbar mit dem Pascal-Hauptprogramm, verwaltet dabei nun die einzelnen Lightweight-Prozesse wie Prozeduren.

Ein Lightweight-Prozeß entsteht entweder durch die Aufnahme der Verbindung eines Clients mit einem Server, durch einen anderen Lightweight-Prozeß oder durch einen Event. In NeWS werden Anweisungen zur Verfügung gestellt, die es dem Anwender ermöglichen, gezielt Lightweight-Prozesse zu generieren und zu manipulieren. Dies geschieht in erster Linie mit der fork-Anweisung und der Event-Technik (siehe Kap. 3.2.5).

Lightweight-Prozesse können mit anderen kommunizieren, sie können sich killen oder in einen Wartezustand versetzen und dann bei einem bestimmten Ereignis weiterrechnen. Des weiteren kann von jedem Prozeß der Status eines beliebigen Prozesses in Erfahrung gebracht werden.

Die Scheduling-Strategie der Lightweight-Prozesse wird non-preemptive geregelt, d. h. ein Prozeß hat solange Zugriff auf Betriebsmittel, bis er blockiert, wobei das Blockieren nicht nur durch E/A-Anforderungen, sondern auch durch Events erreicht wird wie z. B. durch die Prozeduren awaitevent und pause (siehe weiter unten). Alle Lightweight-Prozesse laufen seriell ab, d. h. zu jedem Zeitpunkt läuft höchstens ein Prozeß.

3.2.5 Die Lightweight-Prozeßkommunikation via Events

Wie schon oben bemerkt, tragen Events wesentlich zur Prozeßsteuerung und Kommunikation bei. Events werden z. B. vom Benutzer durch Drücken einer Maustaste oder irgendeiner Keyboard-Taste erzeugt. Die meisten Events jedoch werden von den Lightweight-Prozessen selbst generiert und sind als Meldungen zwischen Prozessen, also als Prozeßkommunikation aufzufassen. Als wichtigste Informationen beinhaltet ein Event, für wen er bestimmt ist, wann und wo er verursacht wurde und welche Aktion mit ihm verbunden ist. Programmiertechnisch sind Events als strukturierte Datentypen realisiert, die in Pascal-ähnlicher Notation folgendermaßen dargestellt werden können:

```
TYPE event = RECORD

        Name :    (Typ : beliebiger PostScript-Datentyp)
                  z. B. eine natürliche Zahl, die einen Character
                  repräsentiert oder ein Schlüsselwort wie /LeftShift

      Action :    (Typ : beliebiger PostScript-Datentyp)
                  z. B. ein Schlüsselwort wie /DownTransition

   TimeStamp :    (Typ : integer) Enthält die Systemzeit der Event-
                  Erzeugung.

      Canvas :    (Typ : dictionary) Enthält entweder einen Verweis
                  auf ein Canvas, wenn der Event in einem solchen
                  erzeugt wurde oder ist undefiniert (null).

   XLocation :    (Typ : integer) Enthält die x-Koordinate bei der
                  Erzeugung, wenn der Event in einem Canvas erzeugt
                  wurde oder ist undefiniert (null).

   YLocation :    (analog zu XLocation)

  ClientData :    (Typ : beliebiger PostScript-Datentyp) Das Feld
                  ist insbesondere für denjenigen gedacht, der
                  Lightweight-Prozesse miteinander kommunizieren
                  lassen möchte. Hierein können Informationen ge-
                  packt werden, die der Empfänger weiterverarbeitet.
```

Exclusivity : (Typ : boolean) Hat Einfluß auf die Verteilung von Events.

Priority : (Typ : integer) Hat Einfluß auf die Verteilung von Events.

Process : (Typ : dictionary) Kann einen Verweis auf einen Lightweight-Prozeß enthalten, an den der Event geschickt werden soll. Ist das Feld besetzt, so wird er nur an den entsprechenden Prozeß verschickt.

END (* RECORD *)

Es gibt noch eine Reihe weiterer Event-Felder, die hier nicht weiter betrachtet werden sollen.

Das Erzeugen und Verschicken eines Events läuft immer nach dem folgenden Schema ab (siehe nachfolgendes Beispiel):

1. Erzeugen eines "leeren" Event-Objektes
2. Füllen der Event-Felder
3. Abschicken des Events

```
/e1  createevent def         (* erzeugen *)
 e1  begin                   (* füllen *)
     /Name (SHUTDOWN) def
     /TimeStamp currenttime def
     /ClientData (System goes down in 10 minutes) def
     end
 e1 sendevent                (* abschicken *)
```

In diesem Beispiel wird ein Event erzeugt, der den Namen SHUTDOWN trägt. Die Erzeugungszeit ist die momentane Systemzeit, und im "ClientData"-Feld ist noch eine Botschaft vorhanden. Name und "ClientData"-Komponente sind hier vom Typ String. Alle übrigen hier nicht spezifizierten Event-Felder sind undefiniert.

Alle Events werden nach ihrer Erzeugung zunächst in eine globale Eventqueue gemäß ihrem Generierungszeitpunkt eingereiht. Sie werden dann an Prozesse, die sie benötigen, mit Hilfe des Event-Verteilungsmechanismus vergeben. Zunächst aber muß entschieden werden, für welche Prozesse überhaupt ein spezieller Event bestimmt ist.

Alle Prozesse, die am Empfang bestimmter Events interessiert sind, bringen ihr Interesse dadurch zum Ausdruck, daß sie ihrerseits einen oder mehrere Events erzeugen, sogenannte Interests. In seinen signifikanten Feldern beinhaltet ein Interest genau die Informationen, die auch der reale Event in seinen Feldern erzeugt. Ein Interest wird als Parameter an eine spezielle Event-Primitive "expressinterest" übergeben, die diesen in eine Interest-Liste einfügt. Vom NeWS-Server werden mehrere Interest-Listen verwaltet, je eine für jedes Canvas und eine globale Liste. Ein Interest erscheint immer nur in einer Liste, entweder in einer Interest-Liste für ein Canvas, wenn das

Interest-Feld "Canvas" spezifiziert wird, oder in der globalen Liste. Das Erzeugen von Interests ist dem von Events sehr ähnlich, es unterscheidet sich lediglich im Abschicken des Interests, das mit "expressinterest" statt mit "sendevent" geschieht. Wenn ein Prozeß den Event aus obigem Beispiel einfangen möchte, so muß er folgenden Interest abschicken (zeitlich natürlich vor dem Abschicken des zugehörigen Events):

```
/e2 createevent def          (* erzeugen *)
 e2 begin                    (* füllen *)
      /Name (SHUTDOWN) def
    end
 e2 expressinterest          (* abschicken *)
```

3.2.5.1 Der Event-Verteilungsmechanismus

Neu erzeugte Events werden gemäß ihrem Generierungszeitpunkt (Timestamp) in eine Eventqueue einsortiert, die vom head_of_queue her abgearbeitet wird. Ob mehrere Prozesse ein Interesse an einem Event bekundet haben, wird festgestellt, indem die signifikanten Event-Felder "Name", "Action", "Canvas" und "Process" mit den Event-Feldern aller Interests gemäß der Priorität der Interests verglichen werden. Nur bei Gleichheit dieser signifikanten Felder erfolgt eine Event-Verteilung mit folgenden Besonderheiten: Ein undefiniertes Interest-Feld (null) stimmt immer mit dem entsprechenden Event-Feld überein (null matches everything). Ist in einem Interest das "Exclusivity"-Feld gesetzt, so wird der zugehörige Event mit keinen weiteren noch bestehenden Interests verglichen.

Beim Vergleichen findet eine Vorsortierung statt, so daß die Events, bei denen das "Canvas"-Feld spezifiziert wurde, nur mit den Interests der entsprechenden Canvas-Interest-Liste und allen Null-Canvas-Interests verglichen werden.

Pro festgestellter Übereinstimmung zwischen Event und Interests wird der Event zunächst kopiert. Danach werden die (kopierten) Events an alle Prozesse, die ein entsprechendes Interesse bekundet haben, gemäß der im Interest gesetzten Priorität verteilt. Allen diesen Prozessen wird die Chance gegeben, in der Reihenfolge ihrer Priorität zu laufen, bevor der nächste Event aus der Eventqueue abgearbeitet wird. Dies geschieht, wenn alle laufbereiten Prozesse in ihrem weiteren Fortschreiten erneut blockieren.

Der spezielle Befehl zum Empfangen eines Events ist die awaitevent-Primitive. Wird ein solcher Befehl innerhalb eines Prozesses ausgeführt und dem Prozeß wurde kein Event zugeteilt, so blockiert er so lange, bis ein angemeldetes Ereignis eintritt. Der Programmierer muß dafür Sorge tragen, daß das Kommando an geeigneter Stelle in seinem Programm bzw. in dem aus dem Programm resultierenden Prozeß vorhanden ist. Mit der awaitevent-Primitive ist es im Prinzip möglich, jeden Prozeß an geeigneter Stelle zu unterbrechen und auf einen Event warten zu lassen. Vorwiegend wird awaitevent jedoch zum Empfangen von Events eingesetzt, die von anderen Prozessen oder Devices, wie Keyboard und Maus, geschickt werden.

3.2.5.2 Die `pause`-Primitive

Man stelle sich ein einfaches Programm vor, das eine Schleife besitzt, in der ein graphisches Muster erzeugt wird. Dies kann unter Umständen mehrere Stunden dauern. Damit auch andere Prozesse zum Zuge kommen, muß der Programmierer dafür sorgen, daß sein Programm an bestimmten Stellen unterbricht, auf einen Event wartet und dann weiterrechnet, damit eine quasiparallele Programmausführung gewährleistet ist, denn die Scheduling-Strategie der Lightweight-Prozesse ist non-preemptive! Man beachte folgendes: Der NeWS-Server-Prozeß, der als ein einziger UNIX-Prozeß realisiert ist, unterliegt natürlich dem Zeitscheibenverfahren des UNIX-Betriebssystems, ein Lightweight-Prozeß nur dem Scheduling des NeWS-Server-Prozesses. Je nach Komplexität kann das Zeichnen von Abb. 3.4 immerhin mehrere Minuten dauern.

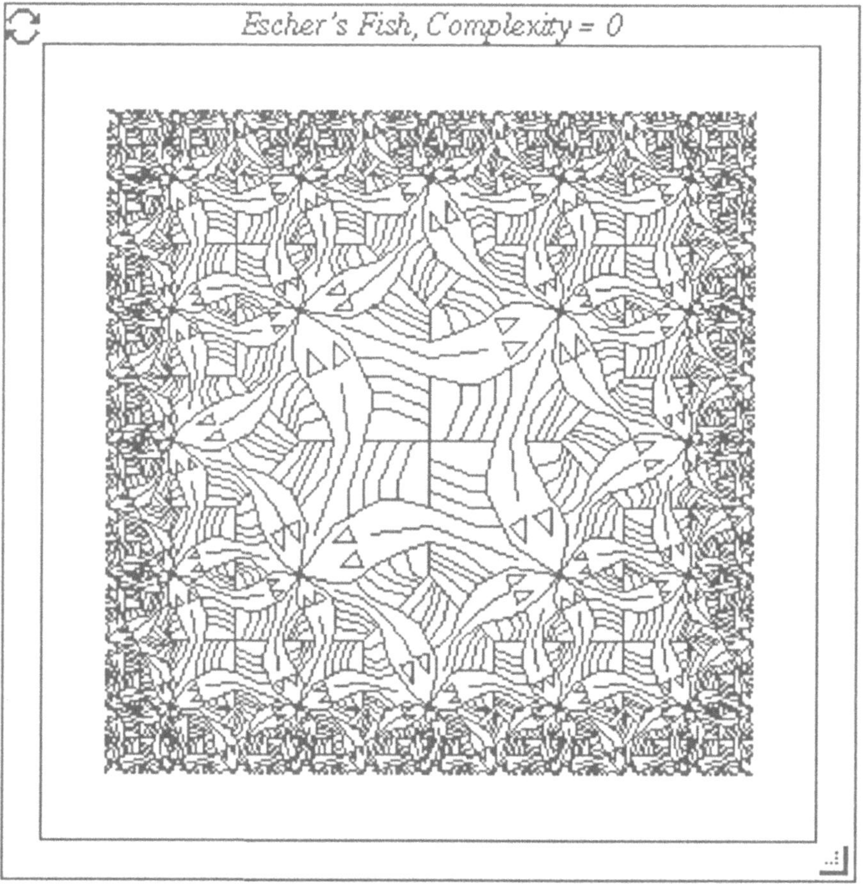

Abb. 3.4. Programm mit Schleifenstruktur

Eine Programmunterbrechung in einer Schleife kann nun etwa mit den bisher kennengelernten Verfahren wie folgt realisiert werden:

- Der Prozeß drückt durch das Erzeugen eines Interests sein Interesse aus, daß er nach einer Unterbrechung weiterlaufen möchte.

- Der Prozeß schickt sich selbst einen Event, der in den signifikanten Feldern mit dem vorher abgeschickten Interest übereinstimmt.

- Der Prozeß unterbricht sich mit `awaitevent` und wartet somit auf den zuvor abgeschickten Event.

- Der Prozeß empfängt den Event und kann nun weiterrechnen.

Dies sieht in PostScript-Notation am Beispiel einer zu unterbrechenden Schleife etwa folgendermaßen aus: Der Schleifenrumpf ist dabei durch { ... } `loop` und der Programmrumpf durch { ... } `fork` geklammert. Der Aufruf `fork` macht aus dem Programm einen Lightweight-Prozeß und startet ihn zu einem ganz bestimmten Zeitpunkt. Dieser liegt unmittelbar nach dem Blockieren aller anderen Prozesse und unmittelbar vor dem Verarbeiten des nächsten Events aus der Eventqueue. Das bedeutet, daß der nächste Event erst abgearbeitet wird, wenn auch der neue Prozeß blockiert. Sollte der neue Prozeß ebenfalls einen weiteren Prozeß erzeugen, so wird auch dieser erst vor dem Abarbeiten des nächsten Events gestartet und so weiter. Die Primitive `fork` hinterläßt bei ihrem Aufruf ein Prozeßobjekt auf dem Stack. Da es hier im Moment nicht weiter benötigt wird, wird es vom Stack entfernt. (Prozeßobjekte: siehe weiter unten)

```
{ % Beginn Programmrumpf

 /e1 createevent def
  e1 begin
     /Name (I want to continue) def
     /Process currentprocess def
     end

  e1 expressinterest    % Interesse ausdrücken

  {  % Beginn des Schleifenkörpers
     % Anweisung
     % Anweisung
     ...
     /e2 createevent def
      e2 begin
           /Name (I want to continue) def
           /Process currentprocess def
           end

     e2 sendevent % Prozeß schickt sich selbst einen Event

     awaitevent  % Prozeß unterbrechen und auf Event warten
```

```
    % Event ist angekommen, Prozeß kann weiterarbeiten

    % Anweisung
    % Anweisung
    ...

    % Ende des Schleifenkörpers
                          } loop
    % Ende des Programmrumpfes
                            } fork pop
```

Dieses Verfahren ist natürlich sehr umständlich und wird deshalb durch eine einfache Primitive `pause` ersetzt, so daß das Programm nun folgendermaßen aussieht:

```
{ % Beginn Programmrumpf

 { % Beginn Schleifenrumpf

    % Anweisung
    % Anweisung
     ...

     pause

    % Anweisung
    % Anweisung

     ...
    % Ende Schleifenrumpf
                    } loop
    % Ende Programmrumpf

} fork pop
```

Wie man sieht, hat sich das Programm wesentlich vereinfacht. Die erste Darstellung war insofern notwendig, als daß das Verhalten der `pause`-Primitive genau nachgebildet wurde und somit die Bedeutung dieser Primitive unmittelbar einsichtig wird. Die Bedeutung dieser Primitive wird im NeWS-Manual [Sun87a] nicht genügend betont. Des weiteren ist erstere Darstellung insofern nützlich, als daß man die Aktivitäten eines Prozesses weiter drosseln kann. Dazu ist beispielsweise in obiger Darstellung nur im Event `e2` zusätzlich das "TimeStamp"-Feld zu spezifizieren und zwar dergestalt:

```
/TimeStamp currenttime delaytime add def
```

so daß der Event keinesfalls früher als `(currenttime + delaytime)` dem Empfänger-Prozeß zugeteilt wird.

Anmerkung: Die `pause`-Primitive ist in allen zeitkritischen Programmsegmenten zu setzen, damit ein quasiparalleler Ablauf aller Lightweight-Prozesse möglich ist! Man beachte jedoch, daß ein Programmfragment, welches diese Primitive enthält, in bezug auf PostScript keine atomare Einheit bildet!

3.3 Programmierung in NeWS

3.3.1 Niveaus der Programmierung

In NeWS gibt es drei sich aufeinander abstützende Möglichkeiten der Programmierung, die sich jeweils einem der nachfolgenden Programmierlevel zuordnen lassen:

- Auf niedrigster Stufe schreibt der Programmierer PostScript-Programme und läßt diese vom NeWS-Server interpretieren.

- Eine Ebene darüber schreibt der Programmierer C-Programme und PostScript-Programme, wobei letztere vom C-Programm als Unterprogramme, hauptsächlich für graphische Aufgaben, verwendet werden können.

- Auf höchster Ebene befindet sich der Programmierer in einer reinen " C-Welt " und benutzt PostScript-Prozeduren, die sich in einer NeWS-Server-Library befinden. Er ruft diese genau wie eine C-Prozedur auf und braucht dabei nicht zu wissen, was prozedurintern geschieht.

3.3.2 Die grobe Struktur von NeWS-Programmen

Aus den bisher gewonnenen Erkenntnissen läßt sich nun die prinzipielle grobe Struktur eines einfachen NeWS-Programmes darstellen. Dem komplexeren Fall einschließlich Client/Server-Kommunikation ist ein eigenes Kapitel (s. Kap.4) gewidmet.

- Interesse an verschiedenen Events bekunden

- Definition von Programmvariablen und Prozeduren

- Installation eines Event-Managers, der beim Einfangen eines Events eine bestimmte Prozedur ausführt oder auch einen eigenständigen Lightweight-Prozeß generiert.

Dies sieht dann wie folgt aus :

```
{ % Beginn Programmrumpf

  % Events erzeugen und füllen

  % Interesse ausdrücken

  e1 expressinterest

  e2 expressinterest
  ...

 % Definition von Variablen

 /a 1 def

 /b 2 def

 /s (dies ist ein Test) def
 ...

 % Definition von Prozeduren

 /Proc1 { ... } def

 /Proc2 { ...} def
 ...

 % EventManager installieren

  { awaitevent   % auf Event warten

    currentevent { % currentevent trägt den eingefangenen Event

      e1 : DoOrFork Proc1

      e2 : DoOrFork Proc2
      ...

                    } case

               } loop
```

```
    % Ende Programmrumpf

            } fork pop
```

Jede Prozedur (Proc1, Proc2, ...) kann wiederum die Gestalt des hier dargestellten Programmkörpers besitzen.

Wie schon oben erwähnt, hinterläßt die Primitive `fork` ein Prozeßobjekt vom Datentyp dictionary auf dem Stack. Mit Hilfe dieses Objektes und einigen weiteren Primitiven wie `waitprocess`, `killprocess`, `suspendprocess`, ... kann der entsprechende Prozeß nun von anderen Prozessen manipuliert werden. Eine ausführliche Beschreibung dieser Primitive führt jedoch im Rahmen dieser Arbeit zu weit. Es sei hier auf [Sun87a] verwiesen. Die Namen der Prozeduren sprechen jedoch für sich.

3.3.3 Window- und Menü-Handling

In den folgenden Kapiteln werden weitere wesentliche Merkmale von NeWS, das sind Window- und Menü-Handling, vorgestellt. Der Leser soll nach dem Durcharbeiten dieser Kapitel in der Lage sein, selbst Programme zu schreiben, die in Windows ablaufen und Window- und Menü-Operationen benutzen.

Dies ist nicht sehr schwer, da NeWS hierfür viele Standardoperationen anbietet; doch bevor wir uns damit praktisch beschäftigen, wollen wir ihre Grundlagen erläutern.

3.3.3.1 Das User-Interface von NeWS

NeWS stellt dem Anwender einige Tools zur Verfügung, die überhaupt erst einen Einstieg in das Window-System ermöglichen. Das Implementierungsschema dieser Tools ähnelt dem einer objektorientierten Sprache, wie etwa Smalltalk 80 oder Simula.

In den folgenden Kapiteln werden zwei Tools vorgestellt, die dem Benutzer die Möglichkeit geben, Windows und Menüs zu kreieren und zu manipulieren. Diese Tools sind gemäß dem Klassenkonzept von Smalltalk 80 oder Simula implementiert.

3.3.3.2 Das Klassenkonzept

Unter einer Klasse versteht man auf eine modularisierte Programmiersprache bezogen ein Modul, das bestimmte Dienste (methods) zur Verfügung stellt. Diese Dienste können wie Prozeduren parametrisiert sein. Klassen können hierarchisch organisiert sein. Dies geschieht dadurch, daß eine neue Klasse als Subklasse einer bereits existierenden Klasse (Superklasse) definiert wird, wobei der Subklasse alle Dienste der Superklasse zur Verfügung stehen. Diese können aber in der Subklasse auch neu definiert werden. Um im folgenden in der Klassenterminologie zu bleiben, seien hier für den mit Klassen nicht vertrauten Leser einige Synonyme zu modul-basierten Sprachen hergestellt:

Modul <--> Klasse

(Modul) Prozeder <--> (Klassen) Dienst

lokale und globale
(Modul) Variablen <--> (Klassen) Variablen

Objektvariablen <--> Instance-Variablen

Erzeugung von
Modulobjekten <--> Erzeugung einer neuen Klasse (Inkarnation)

Aufrufe von parametrisierten Diensten (methods) geschieht in NeWS mit Hilfe der `send`-Primitive an ein Instance-Objekt. Das Senden eines solchen Dienstes an ein Instance-Objekt hat eine Ausführung des Dienstes im Kontext des Instance-Objektes zur Folge. Das Senden erfordert das Finden eines Dienstes in einer Klasse, die Übergabe der Parameter und die Ausführung des Dienstes, wobei dem Sender ein oder mehrere Return-Werte zurückgeschickt werden können. Dies geschieht in der Regel über einen Stack. Beim Senden werden Aufrufe von Klassendiensten an Instance-Objekte einer bestimmten Klasse geschickt. Erfolgt nun solch ein Aufruf, so sucht das System in der Klasse, auf die das Instance-Objekt zeigt, nach dem angeforderten Dienst und führt diesen, falls er gefunden wird, aus. Wird der Dienst nicht gefunden, so sucht das System in der Superklasse der angegebenen Klasse und so weiter. Wird die "höchste" Klasse erreicht und auch dort der Dienst nicht gefunden, so bricht die Suche mit einem Fehler ab.

NeWS stellt dem Anwender zwei Pseudovariablen zur Verfügung, mit deren Hilfe die Suche nach einem speziellen Dienst beeinflußt werden kann. Es sind dies die Variablen `self` und `super`, wobei `super` eine Referenz auf die Superklasse einer bestimmten Klasse und `self` eine Referenz auf die eigene Klasse liefert. Das heißt: Wird ein Aufruf eines Dienstes an `super` einer bestimmten Klasse geschickt, so wird in der Superklasse danach gesucht, bei `self` beginnt die Suche in der eigenen Klasse.

Die einzelnen NeWS-Klassen sind in PostScript implementiert und werden in Dictionaries geführt. Die Dienste der Klassen sind dabei als PostScript-Prozeduren implementiert.

Der Aufruf eines Dienstes einer bestimmten Klasse mit verschiedenen Parametern sieht folgendermaßen aus:

```
<argument(e)> <method> <instance_obj> send
```

Hierbei wird die Methode `<method>` in der Klasse, auf die `<instance_obj>` zeigt, mit den Parametern `<argument(e)>` aufgerufen und zur Ausführung gebracht. Ein Instance-Objekt einer Klasse `<classname>` kann auf folgende Art und Weise erzeugt werden:

```
/inst_obj <argument(e)> <method> <classname> send def
```

definiert das Instance-Objekt inst_obj, wobei in NeWS für <method> der Klassendienst new einzusetzen ist. Dieser ist unmittelbar vergleichbar mit einem new-Aufruf in Simula.

An einem einfachen Beispiel soll der Einsatz und Umgang mit Klassen erläutert werden. Dazu definieren wir eine Klasse pot, die eine natürliche Zahl mit einer anderen natürlichen Zahl potenziert (Menge der natürlichen Zahlen: 1, 2, 3, 4, ...):

```
/pot Object  % Subklasse der NeWS-Basisklasse "Object"

 [ /base /hoch ] % Instance-Variablen

 classbegin

  /result 0 def  % eine Klassenvariable

  /new { % Redefinition des Dienstes "new"
          % nat base; nat hoch; ---> dict inst_obj

        /new super send % "new" an Superklasse schicken

        /base exch def

        /hoch exch def

        currentdict

        } def

  /ahochb { % ---> nat result;

        /result base def

        1 1 hoch 1 sub {

        /result result base mul def } for

        result

        } def

 classend def
```

Die hier definierte Klasse besitzt zwei Instance-Variablen und eine Klassenvariable. Die Instance-Variablen werden beim Aufruf des Dienstes new initialisiert. Dazu wurde dieser Dienst umdefiniert. Damit trotzdem ein Instance-Objekt auf dem Stack bleibt, wird der Dienst new der Superklasse aufgerufen, die dieses Objekt liefert. Der

Klassendienst ahochb potenziert schließlich die beiden Zahlen und hinterläßt das Ergebnis auf dem Stack. Diese Klasse kann nun wie folgt eingesetzt werden:

- Schaffen eines Instance-Objektes der Klasse "pot" mit Initialisierung der Instance-Variablen

```
/inst_obj 3 4 /new pot send
```

- Aufruf des Dienstes ahochb

```
/ahochb inst_obj send
```

Stack : 64

- Nun könnte z. B. die Basis geändert werden:

```
inst_obj /base 5 put
```

- Aufruf des Dienstes ahochb

```
/ahochb inst_obj send
```

Stack : 125

...

Die Programmierung und Anwendung von Klassen ist also sehr einfach, wie man im letzten Beispiel sieht. In Abb. 3.5 ist eine Anwendung der Standardklasse LiteItem dargestellt, mit der sich unter anderem Scrollbars, Button und andere Dinge erzeugen lassen.

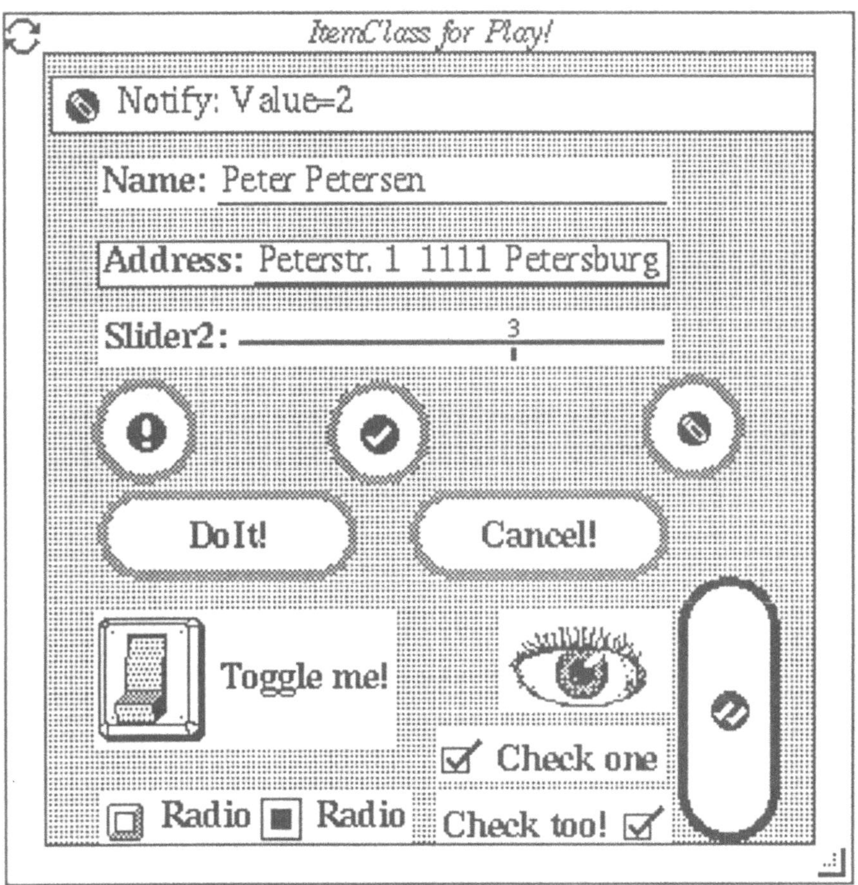

Abb. 3.5. Mit NeWS-Standardklassen erzeugte Graphik

3.3.3.3 Die Klassen LiteMenu und LiteWindow

In diesem Kapitel wird nun das Arbeiten mit den Standardklassen LiteMenu und LiteWindow beschrieben, wobei die Kommunikation mit diesen gemäß obigem Verfahren geschieht.

Die Klasse LiteWindow

Die Grundlagen eines jeden NeWS-Windows sind eine Leinwand (canvas), auf die gemalt werden darf, und ein Event-Manager, der für User-Events, wie Maus und Keyboard-Interaktionen, zuständig ist. Dabei gibt es von der Klasse LiteWindow bereits drei speziell vordefinierte Arten von Canvases, die mit Window-Methoden behandelt werden können:

- FrameCanvas : Dies ist die Grundlage eines normalen Fensters, also kein Icon (vgl. Abb. 3.6a).
- ClientCanvas : Das ClientCanvas liegt direkt auf dem FrameCanvas (vgl. Abb. 3.6a).
- IconCanvas : Das IconCanvas dient als Grundlage für Icons (vgl. Abb. 3.6b).

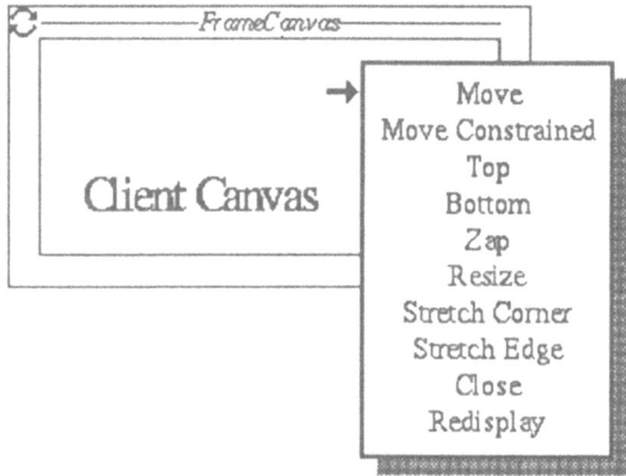

Abb. 3.6a. FrameCanvas und ClientCanvas eines Standard-NeWS-Windows mit Standard-Window-Menü

Abb. 3.6b. Ein Icon zum NeWS-Programm `psterm`

Eine Unterscheidung zwischen FrameCanvas und ClientCanvas ist insofern sinnvoll, da man beiden verschiedene Formen geben kann.

Die im folgenden beschriebenen Methoden beziehen sich sowohl auf das Window (ClientCanvas) wie auch auf das Icon zu einem bestimmten Window. Dabei wird hier nur die Standardmethode eines rechteckigen Fensters beschrieben, wobei sich der Anwender nicht um die Definition der Canvases und ihrer Formen zu kümmern braucht. Nun aber zur Praxis: Die Standardkreation eines NeWS-Windows sieht wie folgt aus:

```
/meinfenster framebuffer /new DefaultWindow send def
```

Diese Anweisung generiert eine Inkarnation der Klasse DefaultWindow, einer Subklasse der Klasse LiteWindow, und schafft die Klassenreferenzvariable meinfenster. Dabei wird der Klassendienst new der Klasse DefaultWindow benutzt. Der Parameter framebuffer ist als "Vater-Window", also anschaulich als Display zu verstehen. Dieser Parameter ist im UNIX-Systemfile "/dev/fb" gesetzt. Wenn eine Maschine mehrere Displays besitzt, so kann mit dem UNIX-Kommando

```
setenv FRAMEBUFFER /dev/<newframebuffer>
```

ein anderes Display <newframebuffer> für Ausgaben gesetzt werden.

Die Klassenreferenzvariable meinfenster wird für die folgenden Fensteroperationen benötigt. Sie ist ein Zeiger auf ein Objekt vom Typ DefaultWindow. Obige Standardkreation könnte in simulaähnlicher Schreibweise etwa folgendermaßen aussehen:

```
( meinfenster:-NEW(DefaultWindow) )
```

Durch diese Anweisung erscheint noch kein Fenster auf dem Display, es muß noch sichtbar (map) gemacht werden, außerdem muß es noch eine Möglichkeit geben, das Window zu öffnen, zu bewegen und die Größe zu ändern. Das Sichtbarmachen des Windows geschieht mit

```
/map meinfenster send
```

Der Klassendienst map läßt also das Window auf dem Display erscheinen, auf das die Klassenreferenzvariable meinfenster zeigt. Das Öffnen des Windows geschieht mit

```
/reshapefromuser meinfenster send
```

wiederum bezogen auf das Window meinfenster. Dabei muß das Fenster vom Anwender mit der Maus geöffnet werden, wobei er die Größe durch Verschieben der Maus bestimmen kann. Dieser Klassendienst übernimmt auch alle zukünftigen Bewegungen, Vergrößerungen und Verkleinerungen des Windows, die von einem Standardmenü aufgerufen werden können.

Der Klassendienst

```
<x> <y> <breite> <höhe> /reshape
```

funktioniert ähnlich wie reshapefromuser, nur daß das Fenster hierbei nicht mit der Maus geöffnet werden muß, sondern es erscheint sofort an Bildschirmposition (<x>, <y>) und ist <breite> Bildpunkte breit und <höhe> Bildpunkte hoch. Danach kann es aber auch noch vom Anwender in Größe und Lage verändert werden. Die Koordinaten <x>, <y> beziehen sich auf die linke untere Fensterecke.

Zum Schließen eines Fensters und somit auch zur Beendigung aller in einem Fenster ablaufenden Tätigkeiten dient der Klassendienst destroy.

Beispiel:

```
/destroy meinfenster send
```

beendet alle Aktivitäten in dem Fenster, auf das `meinfenster` zeigt, und läßt das Fenster vom Display verschwinden.

Bevor nun beschrieben wird, wie ein nach obiger Methode entstandenes Window modifiziert wird - schließlich möchte man irgendetwas in ihm darstellen - soll das Einbringen eines Anwendermenüs in ein solches Fenster erläutert werden. Hierzu benutzen wir die Klasse LiteMenu.

Die Klasse LiteMenu

Allgemein wird in Menüs eine bestimmte Taste mit einer bestimmten Aktion assoziiert. So ist auch die Standardmenümethode von NeWS konzipiert:

```
/meinMenu [

    (key1) { action1 }
    (key2) { action2 }

    ] /new DefaultMenu send def
```

Hier findet eine Inkarnation der Klasse `DefaultMenu`, einer Subklasse der Klasse `LiteMenu`, statt. Mit Hilfe des Dienstes `new` wird wiederum eine neue Klassenreferenzvariable (hier: `meinMenu`) vom Typ DefaultMenu geschaffen. Man benötigt sie beispielsweise zum Ändern des Menüs.

Dies geschieht mit den Diensten

```
<index> (<key>) {<action>} /insertitem

<index> (<key>) {<action>} /changeitem

<index> /deleteitem
```

Beispiel:

```
3 (killall) { (killall) forkunix } /insertitem meinMenu send
```

fügt einen neuen Menüpunkt an dritter Position in das Menü ein, auf das die Klassenreferenzvariable `meinMenu` zeigt. An dritter Stelle von oben im Menü würde beim Menüaufruf mit rechter Maustaste folgendes stehen:

```
killall
```

Wird dieser Punkt aktiviert, so wird ein UNIX-Prozeß mit Namen *killall* gestartet. So läßt sich über ein Menü aus PostScript ein beliebiger UNIX-Prozeß starten.

3.3.3.4 Ein vollständiges Beispiel

Nachdem die prinzipielle Hürde, ein Window und ein Menü anzulegen, überwunden ist, soll nun anhand eines Beispiels erläutert werden, wie ein Window modifiziert werden kann und wie man die graphische Ausgabe eines PostScript-Programmes in ein Window hineinbringt. Das Programm soll dabei die Möglichkeit bieten, menügesteuert eines der Objekte Rechteck, Dreieck und Ellipse in einem Window darzustellen.

Hier zunächst das Programm:

```
/obj 0 store

/drawobjekt

    { gsave
      1 fillcanvas                % Fenster mit weißer Farbe füllen
      0 setgray                   % Zeichenfarbe auf schwarz setzen

      1 1000 div dup scale        % skalieren

% Ellipse zeichnen

        obj 1 eq { 500 500 400 0 360 arc stroke } if


% Rechteck zeichnen

        obj 2 eq { 100 100 moveto
                   800 0 rlineto
                   0 800 rlineto
                   -800 0 rlineto
                   0 -800 rlineto
                  stroke } if

% Dreieck zeichnen

        obj 3 eq { 100 100 moveto
                   800 0 rlineto
                   -400 800 rlineto
                   -400 -800 rlineto
                  stroke } if
```

```
        grestore
        } def
/objwindow framebuffer /new DefaultWindow send def
{ /FrameLabel ( Ellipse Rechteck Dreieck ) def
  /IconLabel ( Graphische Objekte ) def
  /PaintClient { clippath pathbbox scale drawobjekt } def
  /PaintIcon { clippath pathbbox scale drawobjekt } def
  /ClientMenu [
     (ellipse)       { /obj 1 store /paintclient objwindow send }
     (rechteck)      { /obj 2 store /paintclient objwindow send }
     (dreieck)       { /obj 3 store /paintclient objwindow send }
          ] /new DefaultMenu send def
} objwindow send
/map objwindow send
/reshapefromuser objwindow send
```

Zur Ausführung des Programms:

Wenn sich obiges Programm in der Datei "meinprog" befindet, so kann es mit

```
psh meinprog
```

zur Ausführung gebracht werden. Dabei kann das Bild aus Abb. 3.7 entstehen.

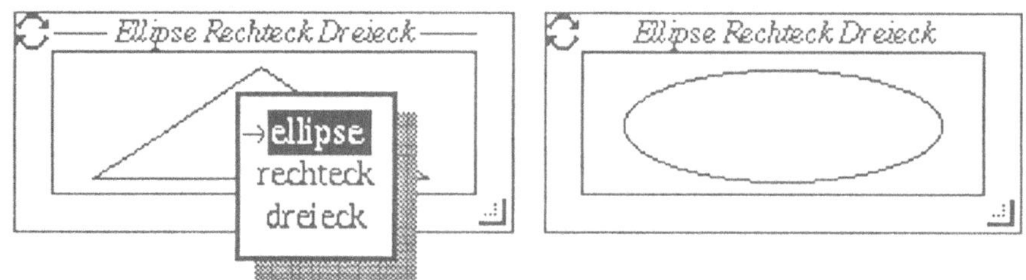

Abb. 3.7. Graphische Ausgabe des Beispielprogrammes

Analysieren wir das Programm von oben nach unten. Zunächst wird eine Variable `obj` zu 0 initialisiert. Sie dient als Zeiger auf das graphische Objekt, welches gezeichnet werden soll. Diese Variable ist eine globale Variable, d. h. sie ist von allen Routinen des Programmes aus manipulierbar. Sie muß auch den Klassen LiteMenu und LiteWindow bekannt gemacht werden. Deshalb muß hier anstelle der schon aus PostScript bekannten `def`-Operation, welche nur lokale Variablen anlegt, die `store`-Operation benutzt werden.

In der folgenden PostScript-Prozedur `drawobjekt` wird gemäß der Variablen `obj` ein graphisches Objekt gezeichnet. Hierzu bedarf es keiner weiteren Erklärung. (Siehe Kap. 2 : PostScript)

Als nächstes folgt die Standardkreation eines NeWS-Window mit Erzeugung der Klassenreferenzvariable `objwindow`. Das Window wird nun mit den Klassenvariablen der Klasse DefaultWindow, welche eine Unterklasse der Klasse LiteWindow ist, modifiziert, indem diese Variablen neu definiert werden.

```
/FrameLabel ( <titel> ) def
```

gibt dem Window den Titel `<titel>`.

```
/IconLabel ( <titel>) def
```

gibt dem Icon den Titel `<titel>`.

```
/PaintClient ( <option(en) > <paintprozedur> ) def
```

führt `<option(en)>` auf das Window aus und bringt die Prozedur `<paintprozedur>` im Window zur Ausführung.
Die in unserem Beispiel benutzten Optionen

```
clippath pathbbox scale
```

haben folgende Bedeutung:

Wenn das Window an irgendeiner Stelle auf dem Display geöffnet wird, findet eine Skalierung gemäß seiner Device-Koordinaten statt, d. h. der Ursprung O(0, 0) wird in die linke untere Ecke des Windows gelegt und die Breite des Windows (FrameWidth) bzw. die Höhe (FrameHeight) wird auf soviele Bildschirmpunkte gesetzt, wie das Window breit bzw. hoch ist. Das ist wichtig für spätere Skalierungsänderungen des Anwenders. Die Optionen gelten natürlich nur für dieses spezielle Window. Als letzte Modifikation wird die Klassenvariable `ClientMenu` neu definiert, die dem Window ein neues Menü zuordnet. Die Prozedur `paintclient` ruft jeweils `PaintClient` auf, so daß nach einer Menüwahl ein bestimmtes Objekt gezeichnet wird. `PaintClient` wird außerdem immer dann aufgerufen, wenn das Window in seiner Größe verändert wird, wenn es zum ersten Male gemapped wird, oder ein Damage-Event auf dem Window eingefangen wird. Ein solcher Event tritt z. B. ein, wenn das Window von einem anderen Window überlagert ist und nun wieder in den Vordergrund gebracht wird.

In diesem einfachen Beispiel sind die Standardfenster- und Menütechnik und PostScript integriert. Mit diesem Prinzip lassen sich alle nur denkbaren Graphiken in einem Window darstellen. Dem Leser sei an dieser Stelle empfohlen, sich einmal mit den NeWS-Standardklassen auseinanderzusetzen. Mit Hilfe der Klasse LiteWindow und einigen PostScript-Anweisungen wurde auch die Graphik in Abb. 3.8 erzeugt.

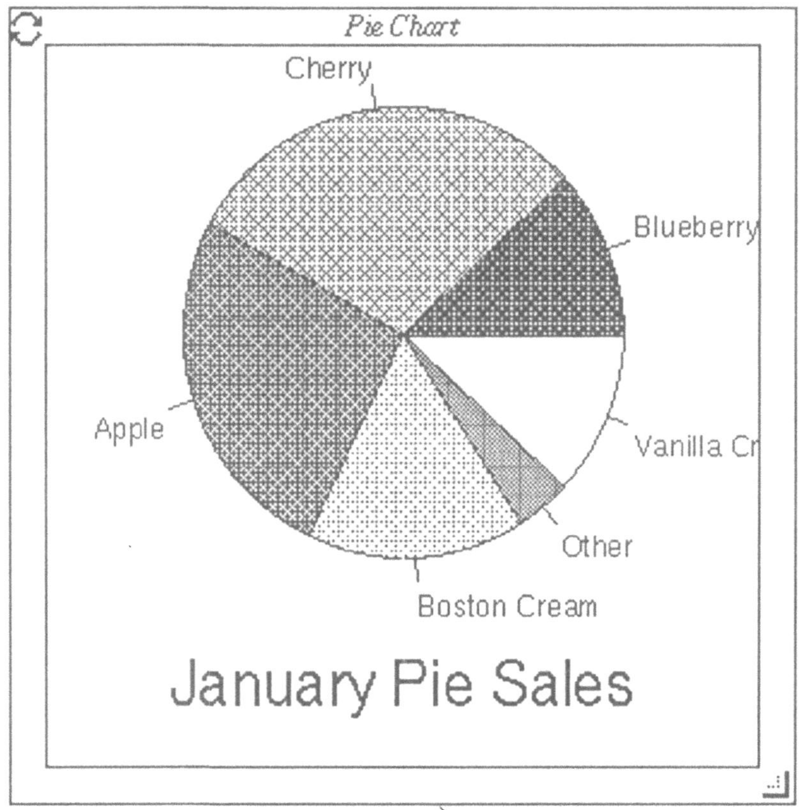

Abb. 3.8. Mit Hilfe der Klasse LiteWindow erzeugte Graphik

Damit soll der Bericht über die Features Lightweight-Prozesse, Events, Menü- und Window-Technik von NeWS abgeschlossen sein. Es gibt zu den einzelnen Punkten noch einige nützliche Erweiterungen, deren Erläuterungen aber den Rahmen dieses Buches sprengen würden. Im folgenden wollen wir auf die Netzwerkfähigkeiten von NeWS näher eingehen.

4 Netzwerkfähigkeit von NeWS

NeWS bietet die Möglichkeit, Fenster verteilt über ein Netzwerk zu verwalten. NeWS-Clients und der NeWS-Server müssen sich somit netzwerkweit verständigen können. Da es sich sowohl beim Server als auch bei den Clients jeweils um UNIX-Prozesse handelt, muß in diesem Fall zur Durchführung der Client/Server-Kommunikation auf die UNIX-Interprozeßkommunikation (IPC) zurückgegriffen werden, die im folgenden näher erläutert werden soll. Der NeWS-Server fungiert seinerseits quasi wieder als Betriebssystem für die von ihm erzeugten Lightweight-Prozesse.

4.1 Einordnung in Netzwerk-Referenzmodelle

Um ein besseres Verständnis der UNIX-IPC zu bekommen, wollen wir uns zunächst in Abb. 4.1 ansehen, wie UNIX und NeWS in die Welt der Netzwerk-Referenzmodelle und ihre Schichtungen einzuordnen sind. Laut [SiPe88] sind die UNIX 4.2BSD-Schichten eng an das ARPANET-Referenzmodell angelehnt. Das Bild zeigt, daß die UNIX-IPC auf dem sogenannten Socket-Mechanismus basiert (korrespondierend mit dem ISO Session Layer), der in Kap. 4.2 näher erläutert wird. Das gilt insbesondere für NeWS-Anwendungen, die man sich als kommunizierende Anwendungsprozesse vorstellen kann.

Da der Socket-Mechanismus von UNIX 4.2BSD zur Client/Server-Interprozeßkommunikation benutzt wird, stützt sich auch NeWS auf diesen Mechanismus. NeWS-Anwender werden jedoch völlig von den Socket-Interna abgeschirmt. Wegen seiner Wichtigkeit in der Client/Server-Kommunikation werden die grundlegenden Ideen dieses Konzeptes, trotz der Transparenz in NeWS, kurz vorgestellt.

ISO Reference Model	ARPANET Reference Model	4.2BSD Layers	NeWS
application	process/ application	user programs and libraries	NeWS
presentation			
session		sockets	SOCK-STREAM
transport	host-host	protocols	TCP
network			IP
data link	network interface	network interface	ethernet driver
hardware	network hardware	network hardware	interlan controler

Abb. 4.1. Netzwerk-Referenzmodelle und ihre Schichtung (nach [SiPe88])

4.2 Sockets - Grundlage der Netzwerkfähigkeit

Ausgehend von der im letzten Abschnitt vorgestellten Einordnung in Referenzmodelle wird der prinzipielle Kommunikationsmechanismus an der Schnittstelle zu NeWS betrachtet. Vorher wird eine kurze Einführung in die IPC unter UNIX, wie sie sich im Rahmen des Client/Server-Modells darstellt, gegeben.

Ein Server (im allgemeinen Sinne), der netzwerkweit Dienste anbietet (z. B. Licence Server, Database Server), ist über eine allgemein (hier: innerhalb des LAN) bekannte Adresse erreichbar. Eine der Aufgaben des Servers ist es, auf Client-Anforderungen zu warten, die an seine Adresse gerichtet sind.

Der Mechanismus wird über Sockets implementiert, die die Kommunikationsendpunkte des Session Layer darstellen. Sie werden über Systemroutinen generiert, verwaltet und benutzt.

Wie in Abb. 4.2 dargestellt, wird beim Start des Servers mittels `socket` ein Socket generiert, der durch `bind` an die netzwerkweit bekannte Adresse des Servers gebunden wird. (Das Ergebnis eines Socket ist ein Socket-Deskriptor, über den der Socket angesprochen wird. Zwischen Socket und Socket-Deskriptor wird jedoch nicht weiter unterschieden.) Alle Anfragen an diese Adresse werden über den sogenannten *Domain_Socket* an den Server weitergeleitet. Über ihn werden alle Verbindungen von den Clients zum Server initialisiert.

In einer Schleife führt der Server ein periodisches `listen` aus und wartet auf Anforderungen. Beim Aufruf des `listen` wird zusätzlich angegeben, wieviele Verbindungen der Server maximal parallel verwalten will.

Der Client muß seinerseits einen Socket wie bereits beschrieben mittels `socket` generieren. Um die Verbindung zwischen den Kommunikationsendpunkten auf beiden Seiten herzustellen, ruft der Client `connect` auf, das eine Verbindungsanforderung an die bekannte Adresse des Servers stellt.

Der Server reagiert auf die Verbindungsanforderung mit einem `accept`. Durch das Akzeptieren einer Verbindung werden sowohl ein neuer Socket, dessen Adresse dem Client im Rahmen des `connect` zurückgegeben wird, als auch ein Filedeskriptor für den neuen Socket transparent generiert. Mit Hilfe des fork-Kommandos erzeugt der Server-Prozeß einen neuen Prozeß, der die Bearbeitung des Clients übernimmt. Der eigentliche Server-Prozeß setzt sein Horchen auf weitere Verbindungswünsche fort. Nach Beendigung des `connect` verfügt der Client über eine exklusive Verbindung, die nicht über die allgemein bekannte Server-Adresse realisiert ist.

Nach dem Einrichten der Kommunikationsendpunkte generiert auch der Client einen File-Deskriptor zu seinem Socket, die Kommunikation kann mittels der Systemroutinen `write` und `read` in bekannter Manier durchgeführt werden.

Über `close` wird eine Verbindung nach beendeter Übertragung wieder abgebaut. Abbildung 4.2 veranschaulicht das Prinzip der Client/Server-Kommunikation über Sockets.

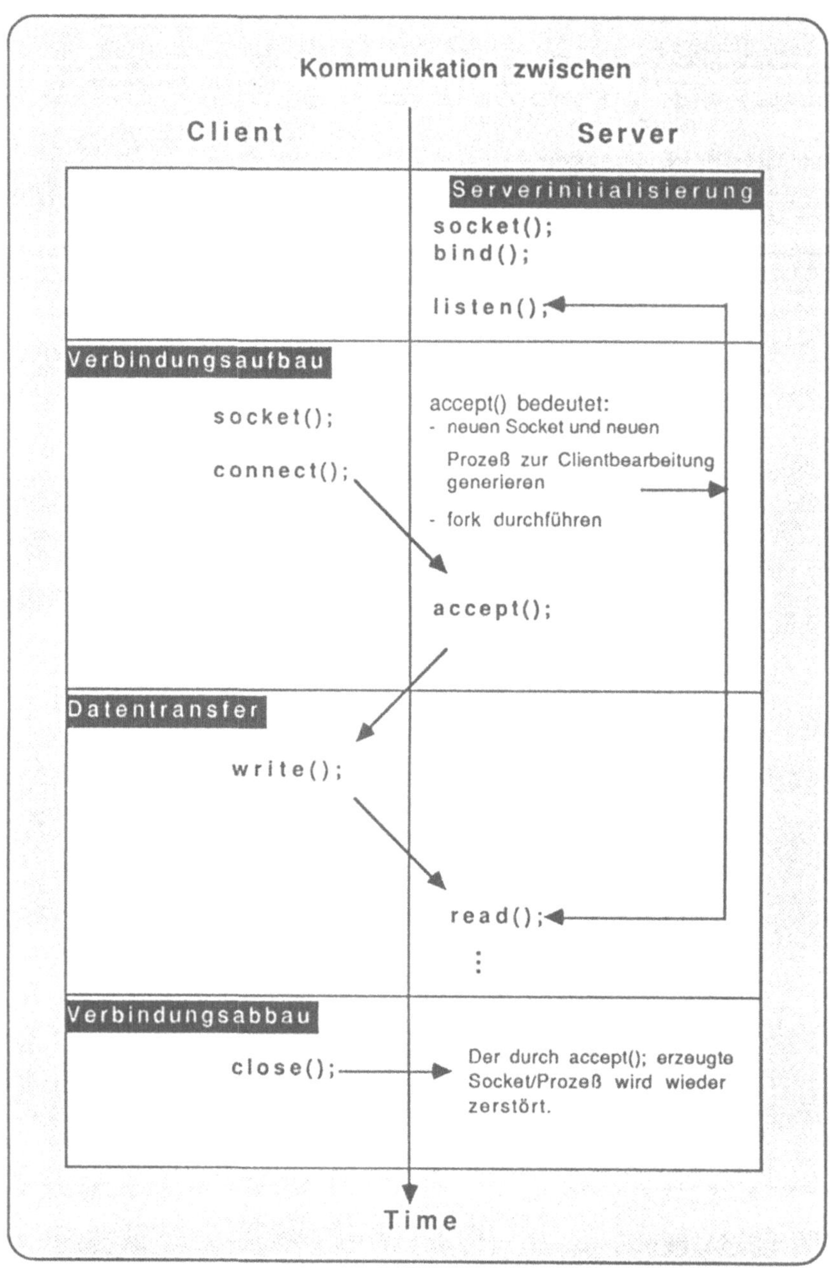

Abb. 4.2. Prinzip der Client/Server-Kommunikation über Sockets

Um den NeWS-Benutzer von den vorgestellten IPC-Details abzuschirmen, bietet NeWS eine einfache Kommunikationsschnittstelle an [Sun86b], die sich transparent auf die geschilderten Socket-Mechanismen stützt. Grundlage der NeWS-Philosophie ist ja gerade, daß durch Funktionsaufrufe aus C-Programmen heraus PostScript-Prozeduren ausgeführt werden. In konsequenter Verfolgung der Maxime realisiert NeWS die vollständige Kommunikation (Übertragung von PostScript-Programmen) transparent, so daß der Benutzer nach dem Aufruf einer Initialisierungsfunktion unbekümmert die vom CPS-Compiler (s. Kap. 3.3.1) erstellten Funktionen aufrufen kann. Entsprechend der in Kap. 3.3.1 angeführten Programmierlevel wird entweder der Prozeduraufruf oder der Prozedur-Code übertragen.

Das Einrichten des Domain_Sockets geschieht automatisch durch das NeWS-System beim Start von NeWS und wird erst bei der Terminierung des Servers wieder zerstört. Bevor nun in einem C-Programm zum ersten Mal eine PostScript-Funktion verwendet werden darf, muß die Funktion `ps_open_PostScript` aufgerufen werden. Sie sorgt intern für die Generierung eines Sockets und den Verbindungsaufbau zum Server über `connect`. Der NeWS-Server generiert nach Erhalt des Verbindungswunsches wie oben beschrieben einen neuen Socket und wie in Abb. 4.2 durch fork angedeutet einen Lightweight-Prozeß, der seinerseits eigenständig die Kommunikation mit dem Client über den ihm zugeteilten Socket regelt. Der Verbindungsabbau von Clientseite erfolgt explizit durch den Aufruf der Funktion `ps_close_PostScript`. Damit werden die eigens für die Verbindung generierten Sockets wieder zerstört.

Zusammenfassend kann gesagt werden, daß dem NeWS-Benutzer mit Hilfe der Funktionen `ps_open_PostScript` und `ps_close_PostScript` eine transparente Kommunikationschnittstelle für die Client/Server-Kommunikation geboten wird. Abbildung 4.3 gibt die oben geschilderten Prinzipien der Netzwerkkommunikation von NeWS wieder.

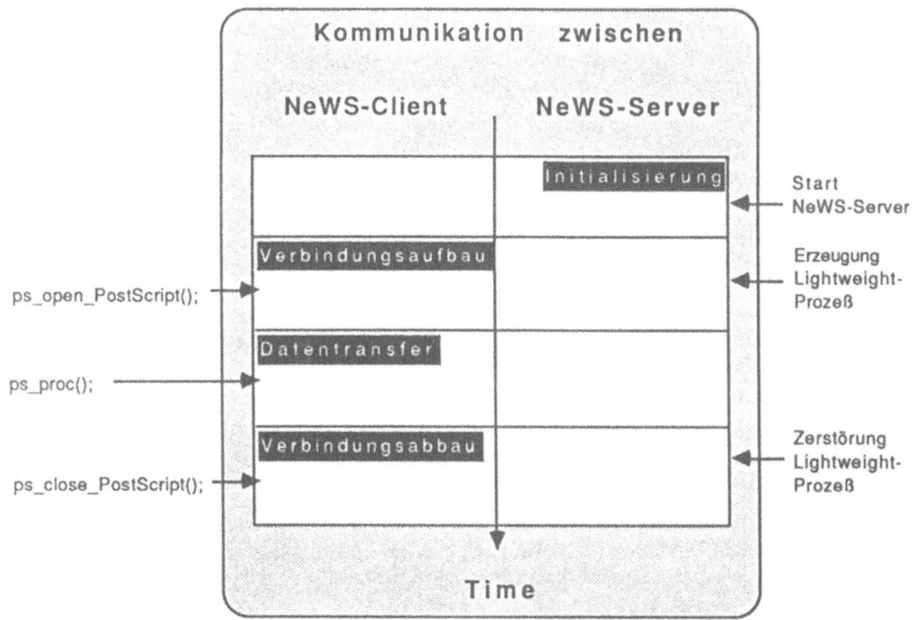

Abb. 4.3. Prinzip der Netzwerkkommunikation von NeWS

4.3 Entwicklung von verteilten Anwendungen mit NeWS

Es sei ein lokales Netz mit einigen Sun-Workstations gegeben. NeWS läuft auf der Workstation des Benutzers (im folgenden NeWS-Server-Rechner genannt) und kontrolliert die Ein-/Ausgabe der Anwendungsprogramme dieser Maschine. Anwendungsprogramme (Clients) kommunizieren zur Behandlung ihrer Ein-/Ausgaben auf dem Bildschirm mit dem NeWS-Server. Ein Client kann sich auf derselben Maschine wie der NeWS-Server befinden oder auch auf irgendeiner anderen Maschine im Netzwerk. Unter dem NeWS-Client-Rechner wollen wir deshalb die Workstation verstehen, auf der das Anwendungsprogramm läuft, welches zur Ein-/Ausgabe den NeWS-Server verwendet. Falls es sich um unterschiedliche Workstations handelt, werden alle zur Kommunikation benötigten Daten von NeWS über das Netzwerk 'versendet'. Auf dem NeWS-Server-Rechner muß, um eine Ausgabe mit NeWS erzeugen zu können, der UNIX-Prozeß `news_server` bzw. für Sun-Workstations der Reihe 3 `news_server020` laufen. Dieser Prozeß ordnet jedem Client, der auf dem NeWS-Server-Rechner eine Ausgabe erzeugen will (es können von mehreren Clients gleichzeitig Anwendungen geschickt werden), einen NeWS Lightweight-Prozeß zu. Anschließend wird der Lightweight-Prozeß wie in Kap. 3 beschrieben abgearbeitet. Die gesamte NeWS-Verwaltung und NeWS-Ausgabe erledigt der Prozeß `news_server`. Es werden keine weiteren UNIX-Prozesse benötigt.

Auf der Client-Seite stellt sich das Anwendungsprogramm als UNIX-Prozeß dar. Das Anwendungsprogramm könnte prinzipiell in jeder üblichen Programmiersprache geschrieben sein; bisher existiert aber nur die Möglichkeit, die Programmiersprache C zu verwenden. Die C Implementierung ist als Vorschlag an die Programmierschnittstelle zu verstehen. Für andere Programmiersprachen (z. B. Fortran, Pascal, ...) ist der Mechanismus zur Kommunikation mit NeWS noch nicht implementiert worden, diese Implementierungen sind jedoch einfach möglich und können selbst vorgenommen werden. Für andere Programmiersprachen fehlt eine Entsprechung zum CPS-Precompiler (zur Verwendung siehe unten). Laut [Sun87a, Kap. 15] ist eine Selbstentwicklung eines die Aufgaben des Precompilers übernehmenden Programmes möglich.

Um dem NeWS-Client-Rechner mitzuteilen, welcher Rechner der NeWS-Server-Rechner sein soll, gibt es ein Kommando:

```
setenv NEWSSERVER `setnewshost rechnername`
```

'`rechnername`' ist der Name der Workstation, die NeWS-Server sein soll. Aus der UNIX-Umgebungsvariablen `NEWSSERVER` kann dann die Socket-Adresse des Domain-Sockets des NeWS-Servers gelesen werden. Das Kommando kann interaktiv in der UNIX-Shell eingegeben werden. Wird anschließend das Anwendungsprogramm aufgerufen, erscheint die Ausgabe auf dem NeWS-Server-Rechner. Diese Möglichkeit funktioniert allerdings nur in einer C-Shell einwandfrei. Für die Standard-Bourne-Shell und auch in einer Remote-Shell sollte folgendes UNIX-Shellscript verwendet werden, was jedoch nicht in einer C-Shell funktioniert. Dies ist jedoch eine allgemeine Version, die nahezu auf jedem UNIX-Rechner das Gewünschte liefert.

```
NEWSSERVER=<adresse>.<port>;<rechnername>
export NEWSSERVER
Aufruf Anwendungsprogramm
```

Dabei ist `<adresse>` die 32-Bit-IP-Adresse des gewünschten NeWS-Servers in dezimaler Form, `<port>` dessen IP-Port-Nummer und `<rechnername>` sein Name. Falls auf dem NeWS-Client-Rechner keine Aktion zur Bestimmung des NeWS-Server-Rechners erfolgt ist, wird angenommen, daß der NeWS-Client-Rechner auch NeWS-Server-Rechner sein soll.

Die Zusammenarbeit zwischen dem NeWS-Server, der Anweisungen in PostScript verarbeitet, und dem NeWS-Client, der in C geschrieben sein muß, erfolgt nun so, daß aus C frei programmierbare PostScript-Prozeduren aufgerufen werden können. Um in einem PostScript-Quelltext solche Prozeduren kenntlich zu machen, muß dem PostScript-Prozedurnamen das Präfix `cdef` hinzugefügt werden. Solche PostScript-Prozeduren können Parameter für die Hin- und Rückgabe enthalten. Ein spezielles Programm, der CPS-Precompiler, verarbeitet die PostScript-Datei, und ein File mit dem Namen des C-Sourcefiles und einem Suffix '. h'. wird erzeugt. Wenn das File im C-Programm mit der Anweisung

```
#include "sourcefilename. h"
```

bei der Übersetzung eingebunden wird, sind alle mit 'cdef' bezeichneten PostScript-Prozeduren im C-Programm frei verwendbar. Der CPS-Precompiler erledigt im wesentlichen zwei Dinge. Zunächst wird eine Syntaxanalyse des PostScript-Sourcefiles vorgenommen, wobei eine Übersetzung des Quelltextes in ein Tokenformat stattfindet, so daß dem Prozeß `news_server` nicht ASCII-Zeichen sondern Token übergeben werden. Das verringert den Kommunikationsaufwand. Weiterhin hängt der CPS-Precompiler dem 'sourcefile. h'-File einige Anweisungen an, die die Kommunikation mit der Netzsoftware erledigen. Bevor nämlich im C-Programm das erste Mal eine PostScript-Prozedur verwendet werden darf, muß die Funktion

```
ps_open_PostScript()
```

aufgerufen werden. Sie verwendet den Aufruf `connect()`. Jede daraufhin verwendete PostScript-Prozedur wird dann auch nicht direkt zum NeWS-Server geschickt, sondern so lange gepuffert, bis die Funktion

```
ps_flush_PostScript()
```

aufgerufen wird, die auf dem Systemaufruf `fflush()` beruht. Dabei wird jeweils ein Prozeduraufruf mitsamt den Token, die die Prozedur ausmachen, an einen NeWS-Server geschickt. Wir wollen ab jetzt sämtliche PostScript-Prozeduraufrufe aus einem C-Programm auch Pseudo-C-Funktionsaufrufe nennen, da der Aufruf genauso wie der einer Standard-C-Funktion funktioniert. Demnach liefert auch jeder solche Aufruf einen Returnwert. Der Wert hängt davon ab, ob mit einem getätigten Pseudo-C-Funktionsaufruf eine PostScript-Prozedur gesendet werden konnte (der Wert ist im allgemeinen dann größer oder gleich null) oder nicht (Wert ist kleiner null). Der letzte Fall tritt immer dann auf, wenn die Verbindung zum NeWS-Server unterbrochen wurde, z. B. weil der Server nicht mehr existiert. In einem solchen Fall muß das

Client-Programm abgebrochen werden, denn auch beim Hochfahren des NeWS-Servers kann die vorherige Socket-Verbindung des Clients zum Server nicht wiederhergestellt werden.

Für den Fall, daß die Verbindung zum NeWS-Server seitens des Clients abgebrochen werden soll, existiert eine weitere Funktion

```
ps_close_PostScript()
```

Sie ist in jedem Falle vor dem Terminieren des Client-Programmes aufzurufen, damit alle geöffneten Kommunikationspfade des Clients bezüglich des Servers wieder geschlossen werden. Das Einrichten des Domain-Sockets des NeWS-Servers geschieht automatisch vom NeWS-System beim Start von NeWS, ebenso die Zerstörung des Sockets bei der Terminierung des Servers.

Eine für den C-Compiler verständliche Darstellung der drei Prozeduren enthält das File 'sourcefile. h'.

Genau diese Definitionen werden dem 'sourcefile. h'-File vom CPS-Precompiler hinzugefügt. Insgesamt ergibt sich also die Kommandofolge:

```
cps postscript_sourcefile. cps
cc c_sourcefile. c /usr/NeWS/lib/libcps. a
```

Bezüglich der bei der Übersetzung des C-Programmes unbedingt notwendigen NeWS-Systembibliothek '/usr/NeWS/lib/ libcps. a' siehe Kap. 4.4.3.

Wir wollen jetzt die Schnittstelle C<->PostScript aus programmtechnischer Sicht noch etwas näher betrachten. Dazu soll zunächst der einfache Fall des Aufrufes einer PostScript-Prozedur aus dem Client-Programm mit einigen Parametern betrachtet werden, wobei aus der PostScript-Umgebung keine Parameter an den Client zurückgeliefert werden. Die Schnittstellenvereinbarung ist dabei stark an die Schnittstelle von Standard-C-Funktionen angelehnt. Lediglich wird hier bei PostScript jedem Parameter sein Datentyp vorangestellt. Momentan werden die Datentypen integer, float, string, fixed und token unterstützt. Eine solche Schnittstelle kann in einem '.cps'-File etwa folgendermaßen aussehen:

```
/MyProc { ... } def

 cdef ps_myproc ( int x, float y,  string s )

    x y s MyProc
```

Aus dem Clientprogramm kann nun die Funktion "ps_myproc()" etwa in der Form

```
ps_myproc(55, 345.23, "ich bin ein String") ;

ps_flush_PostScript() ;
```

an den NeWS-Server geschickt werden. Dort ruft sie die PostScript-Prozedur `MyProc` auf, wobei drei Parameter über einen Stack an `MyProc` übergeben werden.

Beim Aufruf einer Pseudo-C-Funktion wartet das C-Programm in der Regel so lange, bis erstere terminiert. Der Funktionsaufruf terminiert genau dann, wenn die unter dem Aufruf auszuführende Routine terminiert, es sei denn, es handelt sich bei der Routine um eine Prozedur, welche als "Prozeß" vereinbart ist. In diesem Falle fährt das C-Programm unmittelbar nach dem Funktionsaufruf in seinem Programm fort. Das ist vergleichbar mit dem Starten eines Jobs im Hintergrund. Der Sachverhalt soll an folgendem Beispiel veranschaulicht werden:

```
cdef ps_myloop ( int limit )

    1 1 limit { pop } for
```

definiert eine Schleife, die in Einer-Abständen von eins bis `<limit>` zählt. Wenn ein solches Konstrukt seitens C mit

```
ps_myloop (1000) ;

ps_flush_PostScript();
```

aufgerufen wird, so fährt das C-Programm erst fort, wenn die Schleife terminiert. Im Unterschied dazu betrachte man

```
cdef ps_myloop2 ( int limit )

    { 1 1 limit { pop } for } fork pop
```

Hier fährt das C-Programm sofort nach Aufruf von

```
ps_myloop2 (1000);

ps_flush_PostScript();
```

fort. Die PostScript-Routine wird sozusagen in den Hintergrund gesetzt.

Achtung: Es gibt noch eine weitere Ausnahme: Wenn die PostScript-Prozedur nicht als atomare Einheit abläuft, so terminiert der entsprechende Pseudo-C-Funktionsaufruf nach der ersten Unterbrechung der PostScript-Prozedur. Dies möge folgendes Beispiel veranschaulichen:

```
cdef NichtAtomar()

    /x 1 def
     1 1 100 { pop } for

    pause

     (hallo) show
     1 1 1000 { pop } for
```

Wird das Konstrukt nun seitens C mit

```
NichtAtomar();

ps_flush_PostScript();
```

aufgerufen, so terminiert der Funktionsaufruf unmittelbar dann, wenn die PostScript-Prozedur das `pause`-Statement erreicht hat. Das C-Programm kann jetzt bereits weiterrechnen, während in PostScript noch die `show`-Anweisung und die Schleife auszuführen sind.

Die bisher gemachten Ausführungen bezogen sich auf eine einseitige Kommunikation, es wurden immer nur Daten vom C-Programm zum PostScript-Programm geschickt. Im folgenden wollen wir dies um einen Rückgabemechanismus erweitern, so daß eine bidirektionale Kommunikation möglich ist (synchrone Server-Client-Kommunikation). Dazu werden sogenannte *Tags* eingeführt. Ein Tag steht dabei (anschaulich) als Identifizierer für ein Paket, das von PostScript nach C über den Standard-UNIX-I/O-Kanal geschickt wird. Das C-Programm kann aus dem Kanal lesen und mittels des Tags die für sich bestimmten Pakete herausfiltern. Wie weiter oben beschrieben wurde, generiert jedes Programm beim Aufbau einer Verbindung mit dem NeWS-Server einen Socket mit einer bestimmten Adresse. Der Tag dient somit dazu, den entsprechenden Socket seitens des NeWS-Servers wiederzufinden und ein Datenpaket für den Rücktransfer an das C-Programm in den Socket zu packen. Wie die Schnittstelle C <--> PostScript zu ändern ist und wie ein Pseudo-C-Funktionsaufruf dann funktioniert, wird am besten an einem Beispiel deutlich. Dabei soll die Länge eines Strings festgestellt werden, der von C nach PostScript zu übergeben ist. Die Länge des Strings vom Typ Integer und der eigentliche String werden dann an das C-Programm zurückgegeben.

```
#define MYTAG 100

cdef ps_myfunc( string s , int länge ) => MYTAG(s , länge )

    /länge s length def

    MYTAG tagprint

    s typedprint

    länge typedprint
```

Im einzelnen: Zuerst wird ein Tag definiert, also ein Identifizierer für das Datenpaket, welches an das C-Programm zurückgesendet werden soll. Ein Tag trägt dabei einen vorzeichenbehafteten 16-Bit-Integerwert als Nummer.

Die nächste Zeile beschreibt nun genau die Schnittstelle zwischen C und PostScript-Programm. Dabei ist folgendes zu beachten: Die Anzahl der Parameter, die von C nach PostScript geschickt werden, ist genauso groß wie die Anzahl der Parameter, die zurückgeschickt werden. Die Reihenfolge der Parameter, die zurückgeschickt werden, darf gegenüber der Reihenfolge der Parameter, die empfangen werden, nicht verändert werden, sofern es sich dabei um Objekte verschiedener Datentypen handelt. Die Parameterübergabe funktioniert somit prinzipiell nach dem *call-by-reference* -Prinzip.

In der nächsten Zeile wird die Länge des Strings s berechnet und in länge gespeichert.

Danach wird ein Paket mit der Nummer MYTAG auf den momentanen Output-Strom des NeWS-Server geschrieben.

In den letzten beiden Zeilen wird das Paket schließlich gefüllt und an den C-Client geschickt. Dies mag etwas verwirren, denn normalerweise füllt man ein Paket erst und verschickt es dann. Das Füllen ist hier jedoch als Aneinanderhängen zu verstehen. Dies hängt unmittelbar mit dem Paketformat des Netzwerks zusammen, in dem der NeWS-Server läuft. Im Falle des Ethernet wird beim Verschicken eines Paketes neben anderen Bits zuerst die Zieladresse (sie steht in dem Tag) als Bitfolge über das Netzwerk geschickt und dann erst der eigentliche Inhalt des Paketes.

Die in unserem Beispiel definierte Pseudo-C-Funktion, die eine PostScript-Funktion aktiviert, kann seitens C z. B. aus folgendem Programmfragment aufgerufen werden, unter der Annahme, daß eine Verbindung C <--> PostScript existiert :

```
int länge ;
char *s = "wie lang bin ich?" ;
ps_myfunc ( s, &länge ) ;
```

länge sollte jetzt den Wert 17 tragen.

Das hier gegebene Beispiel sieht in PASCAL-Notation etwa folgendermaßen aus:

```
function ps_myfunc(var s : string ; var länge : integer) :
                                          integer ;

      begin

        länge := length ( s ) ;

        ps_myfunc := 0 ;

      end ;
```

Zwei wichtige Unterschiede zwischen PostScript-Funktionen und Prozeduren seien hier noch genannt. Weiter oben wurde erwähnt, daß eine Pseudo-C-Funktion nach ihrem Aufruf nicht sofort geschickt wird, sondern erst durch den Aufruf von ps_flush_PostScript(). Dies gilt nur für PostScript-Prozeduren; ein PostScript-Funktionsaufruf mit Hilfe einer Pseudo-C-Funktion wird sofort gesendet, ein nachfolgender ps_flush_PostScript()-Aufruf hat darauf keinen Einfluß mehr.

Ein weiterer wichtiger Unterschied bei PostScript-Funktionen und Prozeduren liegt in der Reaktion des C-Programmes beim Aufruf der jeweiligen Pseudo-C-Funktion. Weiter oben wurde dargelegt, daß im Falle von PostScript-Prozeduren das C-Programm je nach Definition der Prozedur entweder sofort weiterarbeitet oder auf die Terminierung der Prozedur wartet. Im Falle von PostScript-Funktionen wartet das C-Programm immer auf die Terminierung. Dies kann auch gar nicht anders sein, da es

Ergebnisse aus der PostScript-Umgebung benötigt, um weiterzurechnen. Andernfalls hätte man einen Prozeduraufruf verwenden können.

Die hier beschriebene synchrone Server-Client-Kommunikationsschnittstelle ist die NeWS-Standard-Schnittstelle C<--> PostScript. Sie weist folgende Merkmale auf: Man stelle sich ein C-Programm vor, das nach einer solchen Schnittstelle mit einem NeWS-Server kommuniziert. Dabei soll es möglich sein, daß das C-Programm Berechnungen durchführt parallel zur Kommunikation mit dem NeWS-Server, wobei die Daten, die die PostScript-Umgebung liefert, ohne Beschränkung der Allgemeinheit von einfacher Natur sein mögen, z. B. bestimmte Flags, die die Berechnung des C-Programmes aber beeinflussen. Das bedeutet, daß der PostScript-Prozeß im NeWS-Server asynchron Daten an das C-Programm senden muß, wobei dieses C-Programm nicht blockieren darf. Eine Realisierung scheint auf den ersten Blick schwierig zu sein, denn die Kommunikation mit dem NeWS-Server durch Aufruf von PostScript-Prozeduren kann zwar dahingehend modifiziert werden, daß das C-Programm nach Aufruf einer solchen Prozedur nicht blockiert und weiterrechnen kann, jedoch liefert eine solche Prozedur keine Daten aus der PostScript-Umgebung. Das leistet zwar ein PostScript-Funktionsaufruf, doch selbiger blockiert das C-Programm so lange, bis irgendwann einmal ein Return-Wert aus der PostScript-Umgebung geschickt wird. Das "wann" kann von den verschiedensten Bedingungen abhängen, z. B. von Interaktionen des Programmanwenders.

Zur Lösung dieses Problems wird eine zusätzliche Pseudo-C-Funktion in die PostScript-Umgebung integriert, die nichts anderes macht, als bei ihrem Aufruf sofort einen Wert zurückzuschicken. Dies sieht folgendermaßen aus:

```
#define SIGNAL 35

cdef ps_signal( int n ) => SIGNAL (n)

        /n GlobalFlag def

        SIGNAL tagprint

        n typedprint
```

Wird die Pseudo-C-Funktion `ps_signal()` nun seitens des C-Programmes aufgerufen, so terminiert der Aufruf sofort und das C-Programm kann weiterrechnen in Abhängigkeit vom Inhalt der Variablen `n`. Sie wird dabei in der PostScript-Umgebung manipuliert durch die Variable `GlobalFlag`. Der Inhalt der globalen Variablen `GlobalFlag` in der PostScript-Umgebung hängt jeweils von den Aktionen ab, die in der PostScript-Umgebung ablaufen. Auf diese Weise ist es also gelungen, eine permanente Zustandsübertragung von PostScript nach C zu schaffen, die die oben geforderte Parallelität nicht einschränkt. Damit ist nun eine relativ einfache Lösung des Problems gefunden, die besonders dann angewendet werden kann, wenn das C-Programm selbst nicht viel zu tun hat, so daß es in seinem Programmzyklus durchaus mehrere Sekunden schlafen gelegt werden kann. Durch das repetitive Schicken des Funktionsaufrufes und Zurückschicken des Returnwertes schlagen sich die Kosten der Prozeßkommunikation unmittelbar auf die CPU nieder. Wenn C-Programm und NeWS-Server auf verschiedenen Maschinen laufen, spielt außerdem noch die Verzögerungszeit durch das Netz eine Rolle, so daß das C-Programm manchmal kürzer und manchmal länger blockiert ist.

Mit den im vorherigen Kapitel beschriebenen Prinzipien der Netzwerkkommunikation läßt sich auch für C-Programme eine Lösung finden, die nicht mehrere Sekunden schlafend gelegt werden können. Im obigen Fall wird repetitiv der jeweilige Zustand des PostScript-Programmes abgefragt, was jedesmal eine bidirektionale Kommunikation erfordert. Prinzipiell ist für das C-Programm nur der Moment einer Zustandsänderung innerhalb des PostScript-Programmes notwendig, und nur zu dem Zeitpunkt müßte dann der aktuelle Zustand seitens des PostScript-Programmes übertragen werden. Doch wie soll das C-Programm ihn einfangen?

Wir greifen dazu wieder auf die Socket-Technik zurück. Dabei soll das PostScript-Programm dem C-Programm nur noch eine Zustandsänderung mitteilen, sobald sie eingetreten ist, so daß das C-Programm in Abhängigkeit vom neuen Zustand seine Berechnungen fortsetzt. Dazu wird die PostScript-Primitive `print` benutzt, die einen Parameter vom Typ integer, float oder string benötigt. Der Inhalt wird dann auf den momentanen Ausgabestrom des NeWS-Servers geschrieben und automatisch in den entsprechenden Client-Socket des zu dem PostScript-Programm gehörigen C-Clients gepackt. Der Client muß also immer nur in seinem Socket nachsehen, ob Daten vom PostScript-Programm angekommen sind. Hier liegt jetzt nur noch eine unidirektionale Kommunikation bei der Zustandsübertragung vor, die wenig CPU-Zeit kostet und somit gut realisierbar ist. Zum Nachsehen werden einfach die Systemaufrufe `select()` und `read()` benötigt, wie in Kap. 4.1 erläutert wurde. Als Filedescriptor ist dabei der Descriptor `PostScriptInput` zu verwenden, der standardmäßig angelegt wird mit dem Aufruf der Funktion `ps_open_PostScript()`.

Hierbei ist jedoch noch folgendes zu beachten: Das PostScript-Programm darf erst einen neuen Wert in den entsprechenden Client-Socket schreiben, wenn der vorherige Wert auch gelesen und der Socket somit geleert wurde, ansonsten wird der Inhalt des Sockets überschrieben (wenn auch nur zum Teil) bei der Verwendung der `print`-Primitive. Somit muß das Client-Programm dem PostScript-Programm mitteilen, daß die letzte Sendung von PostScript empfangen wurde. Hierzu kann ein einfacher Pseudo-C-Funktionsaufruf verwendet werden. Solange die Bestätigung nicht bei PostScript eingegangen ist, darf keine neue Zustandsübertragung PostScript-->C erfolgen, so daß das PostScript-Programm eventuell so lange blockiert werden muß, bis die Empfangsbestätigung eingegegangen ist.

Weiter oben hatten wir gefordert, daß C und PostScript-Programm parallel arbeiten sollten und das C-Programm dabei so wenig wie möglich blockieren sollte, um eine Zustandsänderung vom PostScript-Programm in Erfahrung zu bringen. Bei den hier getroffenen Regelungen haben wir das Blockieren des C-Programmes auf ein Minimum reduziert, jedoch dafür ein erhöhtes Blockieren des PostScript-Programmes in Kauf genommen (Warten auf Empfangsbestätigung der letzten Meldung). Ist das eigentliche Problem damit nur verlagert worden? Dies muß entschieden verneint werden, wenn man sich einmal die Aufgabenkomplexe, die von C bzw. von PostScript zu bewältigen sind, anschaut. PostScript arbeitet ja im wesentlichen eventgesteuert, wie dies weiter oben dargelegt wurde, und wartet daher in der Regel immer auf eine Aktion wie Mausoperationen, Keyboard, ... Das heißt jedoch, daß die meisten Lightweight-Prozesse fast 100 % ihres gesamten Daseins sowieso blockiert und nur bei Interaktionen des Benutzers (Maus, Tastatur) aktiv sind. Insofern passen unsere getroffenen Regelungen bezüglich der Kommunikation voll in das Schema.

Anders sieht das in der C-Welt aus. Hier müssen zum Teil rechenintensive Probleme bearbeitet werden, so daß ein zusätzlicher Kommunikationsaufwand so gering wie möglich zu halten ist, was ebenfalls mit unseren Regelungen erreicht wurde. Sicherlich mag jetzt noch der Einwand kommen, rechenintensive Programmteile in die PostScript-Umgebung zu verlagern oder ganz ohne C auszukommen. Dies ist zwar prinzipiell möglich, doch werden solche Programme aufgrund des PostScript-Interpreters zu langsam und können nicht mehr befriedigend eingesetzt werden. Für eine professionelle Programmierung ist daher das Zusammenspiel von C und PostScript unabdingbar.

4.4 NeWS-Kommunikationsmodelle und Demonstrationsprogramme

Um nun die im vorigen Kapitel vorgestellten Möglichkeiten anzuwenden, wurden insgesamt acht Anwendungsprogramme erstellt. Um die Anwendungsprogramme komfortabel mit NeWS verwalten zu können, wurden zwei verschiedene Startprogramme, die auch unterschiedlichen Kommunikationsstrukturen unter NeWS entsprechen, entwickelt. Genaueres zum Begriff Startprogramm später.

4.4.1 Die Anwendungsprogramme

Alle NeWS-Anwendungsprogramme bestehen aus zwei Teilen, dem Teil, der in C geschrieben ist und auf dem NeWS-Client-Rechner läuft, und dem Teil in PostScript, der auf dem NeWS-Server-Rechner ausgeführt werden muß. Im folgenden soll die NeWS-Kommunikationsstruktur der Anwendungsprogramme beschrieben werden. Die kompletten, kommentierten Listings einiger der Programme sind in Kap. 6 aufgeführt.

BOXDEMO (s. Abb. 4.4) zeichnet eine Folge ineinander verschachtelter Quadrate in ein Window. In PostScript wird die gesamte Berechnung der Quadrate, die Window-Verwaltung und die Menüauswahl erledigt. Der C-Anteil beschränkt sich darauf, daß die Anzahl der zu zeichnenden Quadrate entsprechend der erfolgten Menüauswahl verwaltet wird.

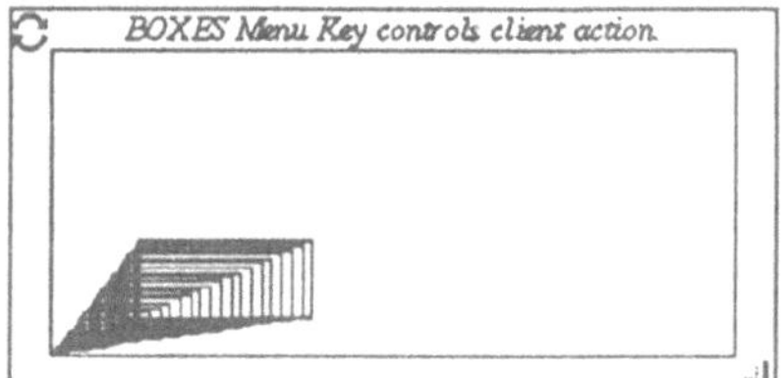

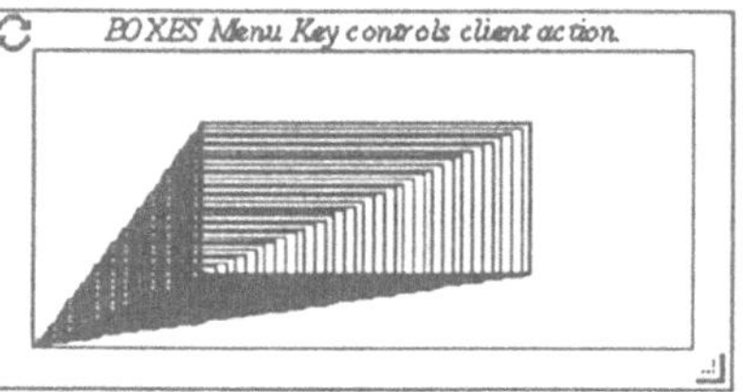

Abb. 4.4. Ausgaben des Programmes BOXDEMO

COUNTDOWN (s Abb. 4.5) zeichnet eine Folge von Gittern, deren Zwischenräume sich verändern, in ein Window. COUNTDOWN ist in [Sun87b, S. 31-32] als Beispiel aufgeführt. Der PostScript-Anteil erledigt die graphische Darstellung eines Gitters, die Window-Verwaltung und die Menüauswahl. Die Größe des Gitters wird in C verwaltet und entsprechend der Menüauswahl an PostScript übergeben.

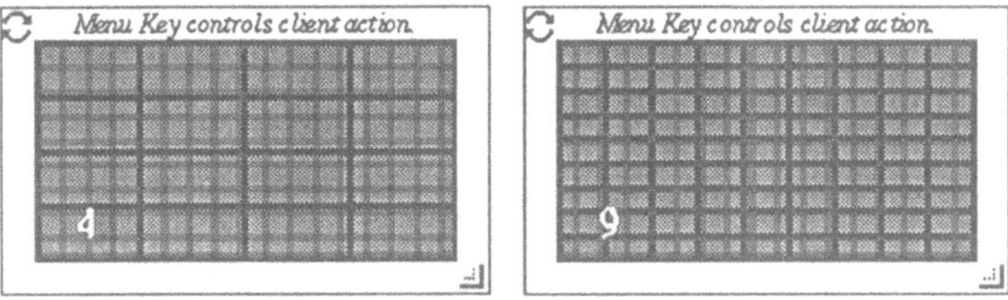

Abb. 4.5. Ausgaben des Programmes COUNTDOWN

FOURIERDEMO zeichnet zu einer vorgegebenen Funktion die Fourierreihenentwicklung mit einer sukzessive ansteigenden Anzahl von Reihengliedern. Die Originalfunktion wird, nachdem sie berechnet wurde, ebenfalls gezeichnet. Der PostScript-Anteil berechnet die Reihenentwicklung, berechnet die graphische Darstellung der Funktionen, erledigt die Window-Verwaltung und die Menüauswahl. Lediglich die Anzahl der Reihenglieder wird in C verwaltet.

MOIREDEMO zeichnet eine Folge von Moirégittern jeweils abhängig von den Koordinaten des Gittermittelpunktes. Die Berechnung der graphischen Darstellung des Gitters, die Window-Verwaltung und die Menüauswahl erledigt PostScript. In C werden die Koordinaten des Gittermittelpunktes verwaltet. Eine Abbildung zu MOIREDEMO ist in Kap. 6 gegeben.

SINUSDEMO (s. Abb. 4.6) zeichnet eine Folge von Sinuskurven verschiedener Frequenzen in ein Window. Die Berechnung der Koordinaten, die graphische Darstellung, die Window-Verwaltung und die Menüauswahl sind in PostScript geschrieben. In C wird die Frequenz abhängig von der Menüauswahl verwaltet.

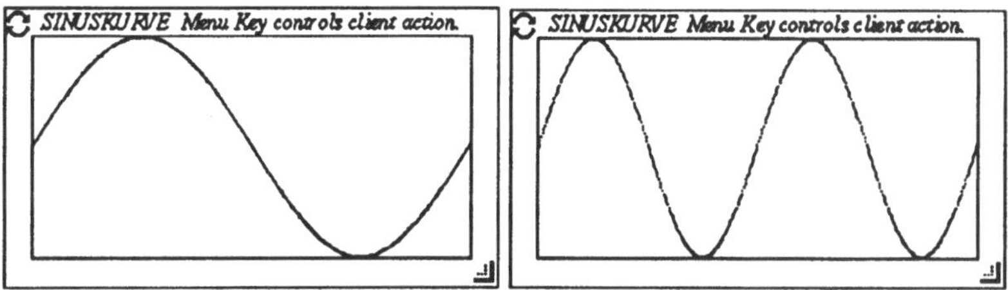

Abb. 4.6. Ausgaben des Programmes SINUSDEMO

Alle fünf bisher vorgestellten Anwendungsprogramme haben gemeinsam, daß die Hauptarbeit auf der Serverseite in PostScript erfolgte und daß der Anteil in C verhältnismäßig gering war. Die Aufgaben des C-Anteils hätten ohne Problem ebenfalls in PostScript programmiert werden können. Die vorliegende Form wurde trotzdem gewählt, weil bei der Erstellung der Programme die Zusammenarbeit zwischen PostScript und C demonstriert werden sollte. Ein Entwurfsziel war dabei, die Möglichkeiten der graphischen Schnittstelle PostScript möglichst weit auszunutzen und den Kommunikationsaufwand zwischen PostScript und C möglichst gering zu halten. Es sollte nachgeprüft werden, ob die von Sun für NeWS vorgeschlagene Kommunikationsstruktur [Sun87a, S. 3], [Sun87b, S. 4] wirklich den bei herkömmlichen Window-Systemen erheblichen Kommunikationsaufwand verringert. Es stellte sich heraus (siehe auch Kap. 5), daß die Belastung des Netzes, wie von Sun behauptet, durch die Kommunikation dieser Art vernachlässigbar gering ist. Da aber die Antwortzeiten bei den Programmen mit intensiven numerischen Berechnungen (FOURIERDEMO, SINUSDEMO) recht hoch waren, wurde versucht, unter Beibehaltung der Funktionalität zur Beschleunigung der Rechnung Aufgaben von der PostScript- zur C-Seite zu verlagern, wobei eine höhere Netzbelastung Inkauf genommen wurde. Dazu wurden zwei weitere Programme erstellt:

NFOURIERDEMO hat die gleiche Funktionalität wie FOURIERDEMO. Alle numerischen Berechnungen bis zur Festlegung der Koordinaten der Punkte der Funktionen werden in C erledigt. Lediglich die graphische Darstellung der einzelnen Punkte und die Window-Verwaltung erfolgen in PostScript. Eine Abbildung zu FOURIERDEMO ist in Kap. 6 in Abb. 6.2 gegeben.

Hier wird besonders der Geschwindigkeitsunterschied zwischen C und PostScript bezüglich der Berechnung der Fourierglieder deutlich.

NSINUSDEMO hat die gleiche Funktionalität wie SINUSDEMO. Alle numerischen Berechnungen und die Festlegung der Koordinaten der Funktionswerte erledigt C. Die graphische Darstellung der einzelnen Punkte und die Window-Verwaltung erfolgt in PostScript.

Die Antwortzeiten verbesserten sich bei NSINUSDEMO gegenüber SINUSDEMO um 25 Prozent und bei NFOURIERDEMO gegenüber FOURIERDEMO um 80 Prozent. Die Anzahl der Pakete, die über das lokale Netz geschickt wurden, stieg bei NSINUSDEMO gegenüber SINUSDEMO um 75 Prozent und bei NFOURIERDEMO gegenüber FOURIERDEMO um 275 Prozent. Da man trotz der erheblichen Steigerung des Netzverkehrs nicht von einer Überlastung des Netzes sprechen konnte (siehe auch Kap. 5), stellte sich die Vorgehensweise, die bei NFOURIERDEMO und bei NSINUSDEMO angewendet wurde, als effizienter heraus. Nun ergab sich natürlich die Frage, ob die Strategie, möglichst viele Aufgaben auf die C-Seite zu verlagern, in jeder denkbaren Situation richtig ist. Es wurde ein weiteres Anwendungsprogramm NVECTORS erstellt.

NVECTORS zeichnet ein Raumschiff sehr detailliert (etwa 2000 Linien) viermal in ein Window (s. Abb. 4.7). Mit Version NeWS 1.0 wurden eine Reihe von Demonstrationsprogrammen, fast alle vollständig in PostScript geschrieben, mitgeliefert. Unter den Demonstrationsprogrammen war auch VECTORS mit der bei NVECTORS beschriebenen Funktionalität. VECTORS wurde nun soweit abgeändert, daß alle Koordinaten der zu zeichnenden Linien nicht mehr wie bisher im PostScript-Programm, sondern im C-Programm aufgelistet sind. Jede Linie wird einzeln dem PostScript-Programm übergeben, für das nur die Aufgabe des Zeichnens der Linie sowie die Window-Verwaltung bleibt.

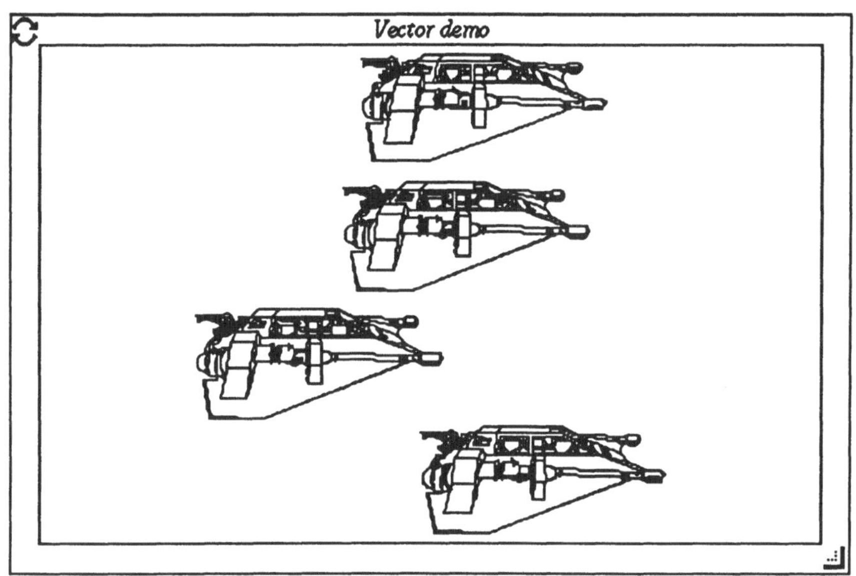

Abb. 4.7. Ausgabe zum Programm NVECTORS

Im Vergleich von NVECTORS zu VECTORS ergab sich ein enorm gestiegener Kommunikationsaufwand und keine Verringerung der Antwortzeit. Es ist erklärbar durch die Tatsache, daß sowohl in VECTORS als auch in NVECTORS keinerlei Berechnungen vorgenommen werden und die ganze Aufgabe beider Programme darin besteht, Linien zu zeichnen. Da das bei beiden Programmen in PostScript geschieht, ist keine Beschleunigung im Falle von NVECTORS möglich. Es ergibt sich aber auch keinerlei Verlangsamung, so daß man sagen kann, daß der CPU-Aufwand für die Kommunikation zwischen C und PostScript vernachlässigbar gering ist. Als beste Strategie bei der Verteilung der Aufgaben zwischen PostScript und C stellt sich somit heraus, Anwendungen, bei denen hauptsächlich unveränderte Graphiken dargestellt werden sollen, möglichst stark auf PostScript zu verlagern, und Anwendungen, bei denen die Graphik noch berechnet werden muß, hauptsächlich auf der C-Seite zu programmieren. Bei den ganzen Überlegungen sollte jedoch die Tatsache, daß PostScript eine Reihe komfortabler graphischer Operationen bereitstellt, die man sich in C erst selbst zusammenbasteln muß, nicht übersehen werden.

4.4.2 Kommunikationsmodell 1

Mit NeWS ist ein verteiltes Verwalten von Windows auf verschiedenen Workstations möglich. Das erste Kommunikationsmodell ist in Abb. 4.8 dargestellt.

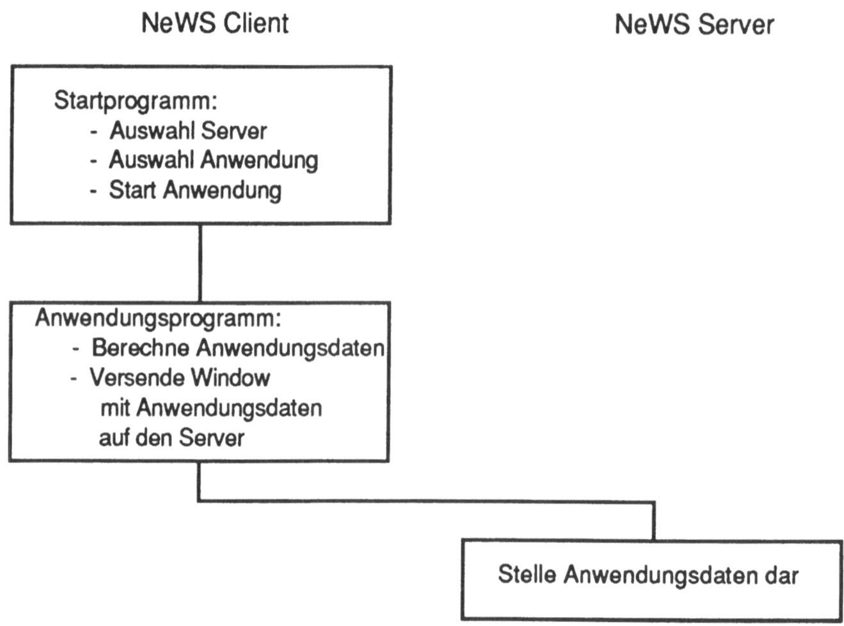

Abb. 4.8. Kommunikationsmodell 1

Das Modell beschreibt im wesentlichen ein 'Verschicken' eines Windows vom NeWS-Client auf den NeWS-Server. Die Aufgaben der Anwendungsprogramme sind schon in Abschnitt 4.4.1 beschrieben worden. Die Aufgabe des Startprogramms ist im wesentlichen die Auswahl des NeWS-Server-Rechners, die Auswahl des Anwendungsprogrammes, das Setzen der NEWSSERVER-Variable (siehe Kap. 4.3) und der Start des Anwendungsprogrammes. Dabei kann die Auswahl des NeWS-Server-Rechners zum einen interaktiv geschehen, grundsätzlich denkbar ist aber auch die programmgesteuerte Auswahl des NeWS-Server-Rechners. Das Startprogramm kann auch abhängig von den auf den jeweiligen Workstations zur Verfügung stehenden Anwendungsprogrammen verschieden sein. Grundsätzlich ist das Startprogramm als die dem Benutzer zur Verfügung stehende Oberfläche eines wie auch immer gearteten verteilten Window-Anwendungssystems gedacht. Das Startprogramm besteht wie die Anwendungsprogramme aus einem Teil in PostScript, der ein Menü zur Auswahl von Server und Anwendungsprogramm sowie eine Anleitung anbietet, und einem Teil in C, der das Setzen der NEWSSERVER-Variable und das Starten des Anwendungsprogrammes erledigt. Der UNIX-Prozeß `news_server` (siehe Kap. 4.3) muß in dem Modell auf NeWS-Server-Rechner und NeWS-Client-Rechner während der Programmläufe zur Verfügung stehen.

4.4.3 Kommunikationsmodell 2

Das in 4.4.2 vorgestellte erste Kommunikationsmodell ist sicherlich nur für einige spezielle Anwendungen realistisch, denn in der Regel hat ein Benutzer, der den NeWS-Client-Rechner bedienend Aktionen veranlaßt, wenig davon, wenn auf einer ihm nicht sichtbaren Workstation Windows abgebildet werden. Sinnvoller ist es für einen vor einer Workstation sitzenden Benutzer, von seiner Workstation aus zu veranlassen, daß unter Ausnutzung der Möglichkeiten von NeWS von einem anderen Rechner auf seine Workstation Windows versendet werden. Das führt zum zweiten Kommunikationsmodell (s. Abb. 4.9).

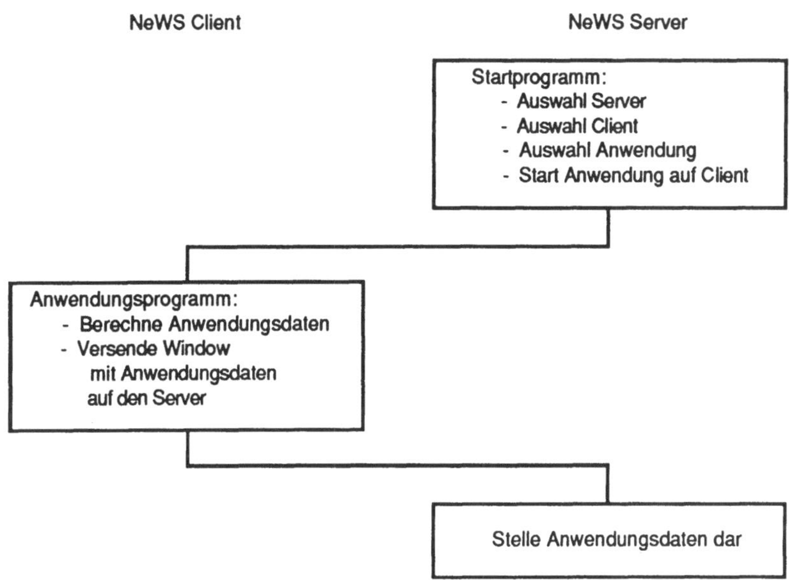

Abb. 4.9. Kommunikationsmodell 2

Der Unterschied zum Kommunikationsmodell 1 besteht darin, daß das Startprogramm das Anwendungsprogramm nun nicht mehr auf dem eigenen Rechner startet, sondern auf einem ausgewählten anderen Rechner. Das geschieht mit dem UNIX-rsh-Kommando, dessen Funktion im ONLINE-Manual beschrieben ist.

Das ONLINE-Manual benutzt man, indem man

```
man <befehlsname>
```

in einer UNIX-Shell eingibt.

Zusätzlich zu Modell 1 kann im Startprogramm ausgewählt werden (s. Abb. 4.10), daß das Anwendungsprogramm Windows nicht mehr auf den ursprünglichen NeWS-Server-Rechner, auf dem das Startprogramm läuft, sendet, sondern auf einen dritten Rechner. Diese Anwendung wird aber nur in Spezialfällen interessant sein. Die übrigen Aufgaben von Start- und Anwendungsprogrammen und deren Aufteilung in PostScript und C bleiben im Vergleich zu Kommunikationsmodell 1 unverändert.

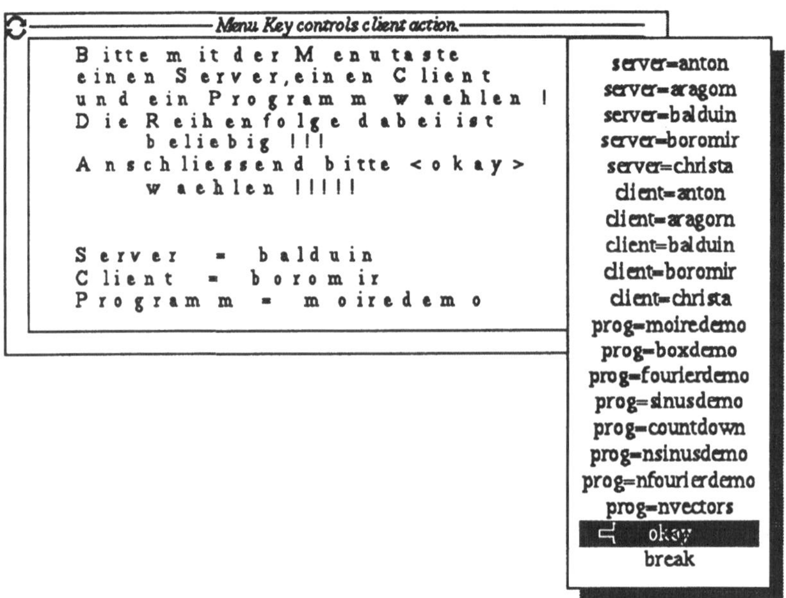

Abb. 4.10. Auswahlmöglichkeiten bei Kommunikationsmodell 2

Wichtig für Kommunikationsmodell 2 ist, daß auf dem NeWS-Client-Rechner kein Prozeß `news_server` laufen muß. Somit muß auch kein PostScript-Interpreter verfügbar sein. Der Client-Rechner braucht keine Graphikfähigkeiten zu besitzen.

In Kap. 3.1 ist eine Konfiguration abgebildet (s. Abb. 3.2), die eine Sun-Workstation - in unserem Modell der NeWS-Server-Rechner - zeigt, die Ergebnisse von Spezialrechnern - in unserem Modell allgemein als NeWS-Client-Rechner bezeichnet - darstellt. Beispiele für solche Spezialrechner sind ein mit hoher Rechengeschwindigkeit arbeitender Supercomputer oder eine spezielle Datenbankmaschine. Die Konfiguration ist mit Hilfe des zweiten Kommunikationsmodells realistisch und komfortabel handhabbar geworden. Die einzige Bedingung dafür, daß der in C geschriebene NeWS-Client-Anteil des Anwendungsprogramms auf den Spezialrechnern läuft, ist das Vorhandensein des UNIX-Betriebssystems mit geeigneter Netzwerksoftware auf den NeWS-Client-Rechnern. Für den Fall, daß man den NeWS-Client eines Anwendungsprogrammes auf einem Spezialrechner installieren möchte, muß der Teil des Anwendungsprogramms mit dem 'cc'-Befehl (siehe ONLINE-Manual) neu übersetzt und zusätzlich das UNIX-File "/usr/NeWS/lib/libcps.a" hinzugebunden werden. Dieses File besteht aus drei Modulen 'ctops.o', 'pstoc.o' und 'defs.o', welche die Kommunikation des Anwendungsprogramms mit unterer Netzwerksoftware erledigen. Die Sourcen der Module sind in "/usr/NeWS/clientsrc/client" vorhanden. Portierungsversuche der Module auf andere an der Universität Dortmund vorhandene UNIX-Rechner von PCS und VAX scheiterten allerdings daran, daß die oben angegebenen Module wiederum Files benötigen, die auf den zur Verfügung stehenden Rechnern nicht vorhanden waren. Während bei den PCS-Rechnern beinahe alle benötigten 'include'-Files fehlten, waren auf der Microvax 'Joan' die Files "/usr/include/sys/socket.h", "/usr/include/sys/types.h" und "/usr/include/sys/ioctl.h" nicht vorhanden. Bevor diese Files und die dahinterstehenden Systemaufrufe nicht voll funktionsfähig auf den UNIX-Derivaten von

PCS und DEC zur Verfügung stehen, ist an eine Erweiterung von NeWS auf diese Rechner nicht zu denken. Selbst wenn die Files vorhanden wären, ist im übrigen noch sicherzustellen, daß ein einheitliches Datenaustauschformat zwischen den Rechnern vorliegt. Eventuell ist eine Abänderung der oben angegebenen Module zum Zwecke eines einheitlichen Datenaustauschformats, am besten XDR von Sun (siehe auch [Sun86a]), nötig.

Falls einmal alle oben beschriebenen Probleme beseitigt sein sollten, sind natürlich eine ganze Reihe neuartiger Anwendungen denkbar. So wäre ein Tool, welches einem vor einer Workstation sitzendem Anwender für seine momentanen Aufgaben von den am lokalen Netz befindlichen Rechnern immer den am wenigsten ausgelasteten Rechner aussucht und die Aufgaben darauf ausführt, unter Benutzung von NeWS denkbar. Ebenso wäre es möglich, die Gesamtzahl von in einem lokalen Netz befindlichen ausführbaren Programmen einem Anwender mit NeWS zur Verfügung zu stellen, ohne das mount-Kommando zu verwenden.

Für die Programmierung mit den hier dargestellten Techniken sei noch folgender Ratschlag gegeben: Prozeßkommunikation ist teuer, was sich vor allem in der CPU-Belastung bemerkbar macht; daher sollten nach Möglichkeit wenig Pseudo-C-Funktionsaufrufe getätigt werden, und diese sollten "gebatched" werden. Ferner soll der Programmcode zu einem Aufruf, der ja in Form von Token übertragen wird, so kurz wie möglich sein. Deshalb ist bei der Programmierung folgende Strategie anzuwenden: Der gesamte PostScript-Programmtext wird durch einen Pseudo-C-Funktionsaufruf in den entsprechenden NeWS-Server geladen. Zu jeder PostScript-Routine, die von C aus angesprochen werden soll, wird eine Pseudo-C-Funktion deklariert, die als Programmcode nur den Prozedurbezeichner der entsprechenden PostScript-Routine mit eventuellen Parametern enthält, so daß sich folgende Struktur ergibt:

```
cdef initialize_server()

{ % globale Variablen

  % ExpressInterest
  ...

  /proc1 { ... } def
  /proc2 { ... } def
  ...

  /procA { ...} def
  /procB { ...} def
  ...

  /func1 { ... } def
  /func2 { ... } def
  ...

  /funcA { ... } def
  /funcB { ... } def
```

```
    ...

    % EventManager

 } fork

cdef ps_proc1( <parameter> ) <parameter> proc1
cdef ps_proc2( <parameter> ) <parameter> proc2
    ...

#define MYTAG1  1
#define MYTAG2  2
    ...

cdef ps_func1( <parameter> => MYTAG1( <parameter> )
<parameter> func1

cdef ps_func2( <parameter> => MYTAG2( <parameter> )
<parameter> func2
    ...
```

Man vergleiche die Darstellung mit der Darstellung in Kap. 3.3.2.

5 Performance-Messungen

Die Performance-Messungen wurden vorgenommen mit den UNIX-Softwaremonitoren 'time', 'vmstat' und 'netstat' sowie mit dem SUNTOOL-'traffic', das die Beobachtung der Netzbelastung anhand von Histogrammen und Trajektorien erlaubt. Beschreibungen der Kommandos sind im UNIX-ONLINE-Manual auf den Sun-Rechnern durch das Kommando `man <befehlsname>` verfügbar. Für die entwickelten Demonstrationsprogramme wurden jeweils die Auslastung der CPU und die Auslastung des virtuellen Speichers der an der Kommunikation beteiligten Workstations gemessen. Zusätzlich wurden auch Antwortzeiten gemessen sowie die Auslastung des Ethernet. Während einer Messung liefen nur die Demonstrationsprogramme und einige Standard-Systemprozesse sowie benötigte Monitore. Die Maschinen standen somit exklusiv zur Verfügung.

5.1 Die CPU

Zu unterscheiden sind bei der Betrachtung der CPU-Auslastung derjenige Anteil der Rechenzeit, der für das in C geschriebene Client-Programm gebraucht wird, und derjenige Anteil der Rechenzeit, der für die Interpretation des auf dem NeWS-Server laufenden PostScript-Programmes gebraucht wird. Bei einer NeWS-Anwendung können Server- und Client-Programm natürlich auf derselben Workstation ablaufen. Falls aber ein Window über das Netz zu einer anderen Workstation geschickt werden soll, befinden sich die beiden Programmteile auf verschiedenen Rechnern. Unter UNIX sind die Rechenanteile für beide Programmteile leicht auseinanderzuhalten, denn für das Client-Programm muß ein eigener UNIX-Prozeß gestartet werden (das Client-Programm ist ein ganz normales, ausführbares Programm unter UNIX), während für den PostScript-Anteil der Prozeß `news_server` zuständig ist, der dem PostScript-Programmteil einen eigenen PostScript-Interpreter zuordnet und die Koordination möglicherweise mehrerer verschiedener Windows leistet (siehe auch Kap. 3 und Kap. 4).

Die Zuordnung von Rechenzeit der verschiedenen Programmteile zu verschiedenen UNIX-Prozessen ist insofern von Bedeutung, als mit den oben angesprochenen UNIX-Softwaremonitorkommandos nur Meßwerte über UNIX-Prozesse ermittelt werden können.

Die Auslastung der CPU auf dem NeWS-Server-Rechner steigt schon bei einer im Aufbau befindlichen Graphik auf 100 Prozent. Das ist dann nicht weiter tragisch, wenn innerhalb des jeweiligen PostScript-Programmes hinreichend oft der `pause`-Befehl eingefügt ist. Er bewirkt ja, daß der momentan aktive Lightweight-Prozeß, der den Ablauf des im Moment aktiven PostScript-Programmes steuert, anhält und, falls vorhanden, anderen Lightweight-Prozessen die Möglichkeit gibt, ihre Bedürfnisse zu befriedigen. Enthält übrigens ein PostScript-Programm so lange keinen pause-Befehl, daß er, ohne einen anderen Lightweight-Prozeß arbeiten zu lassen, 10 User-Sekunden (10 s Default bei NeWS 1.0) läuft, wird er vom Prozeß news_ server unterbrochen, und die Meldung

WINDOW DISPLAY LOCK BROKEN TIME LIMIT EXCEEDED BY PID pidnr.

erscheint auf dem Bildschirm. Das Time Limit kann geändert werden, was freilich nichts an der prinzipiellen Problematik ändert.

Es ist bemerkenswert, daß auch die Maus-, Menü- und Tastatursteuerung unter NeWS ganz normale Lightweight-Prozesse sind, welche dann bei fehlendem pause-Befehl während des Aufbaus einer Graphik deaktiviert sind, so daß Benutzeraktionen nur mit unbefriedigend langer Verzögerungszeit sichtbar werden. Spätestens dann aber, wenn auf 1-2 MIPS Maschinen vier Graphiken der Demonstrationsprogramme gleichzeitig aufgebaut werden, bekommen die NeWS-Systemprozesse zur Maus-, Menü- und Tastatursteuerung auch bei genügend vorhandenen pause-Befehlen so wenig CPU-Zeit, daß ein interaktives Arbeiten, während der Aufbauphase der Graphiken, nicht mehr möglich ist. Da die anderen Systemressourcen Hauptspeicher und Ethernet mit Belastungen dieser Intensität noch gut fertig werden (siehe Kap. 5.2 und Kap. 5.3), stellt sich die CPU der Workstation des NeWS-Servers als Engpaß heraus. Mit der wachsenden Prozessorleistung aktueller und zukünftiger Rechner, z. B. RISC-Maschinen wie die SPARC Desktopmodelle mit Instruktionsausführungsraten von mehr als 10 MIPS, wird sich dieses Problem lösen.

Einige Meßwerte, gewonnen an den Demonstrationsprogrammen, werden in Tab. 5.1 angegeben , um eine Vorstellung über die vorhandenen Größenordnungen zu geben. Gemessen wurden CPU-Zeiten auf Client und Server sowie die Antwortzeit für den Benutzer für die Erstellung einer Graphik. Die CPU-Zeit zum Laden und Starten der Programme sind in den aufgeführten Werten nicht enthalten. Alle Werte sind in Sekunden angegeben.

	Client	Server	Antwortzeit
BOXDEMO	1.91	2.02	2.5
COUNTDOWN	2.07	1.44	2
FOURIERDEMO	1.93	41.91	88
MOIREDEMO	2.07	3.25	3.5
SINUSDEMO	1.96	2.63	5
NFOURIERDEMO	3.64	3.60	5
NSINUSDEMO	1.51	1.97	3
NVECTORS	2.54	6.29	9

Tab. 5.1. Antwortzeiten der Demonstrationsprogramme

Die Werte für die Antwortzeit sind bedingt durch das Meßverfahren nicht sehr genau und können um +- 0.5 Sekunden von dem wahren Wert abweichen. Die in Kap. 4.4 angegebenen Änderungen durch unterschiedliche Programmiermethoden beziehen sich jeweils auf die Summe der CPU-Zeiten von Client und Server in Tab. 5.1. Auch hier, wie in Kap. 4.4 beschrieben, wird die Gesamtbeschleunigung der Rechnung durch die Verlagerung von Aufgaben von der PostScript- zur C-Seite deutlich, wie sich leicht in der Tabelle an den Werten von NFOURIERDEMO zu FOURIERDEMO und von NSINUSDEMO zu SINUSDEMO ablesen läßt.

5.2 Das lokale Netz (Ethernet 10 MBit/s)

Gemessen wurde die Anzahl der Pakete, die bei der Kommunikation zwischen NeWS-Server und NeWS-Client über das Netz geschickt wurden, sowie die Paketverzögerung anhand der Demonstrationsprogramme. Die Netzbelastung durch das Laden der Programme vom Fileserver ist hier nicht betrachtet und aufgeführt worden.

	ein	aus	insg.	Zeit	Pak./sec
BOXDEMO	23	67	90	2	45,0
COUNTDOWN	17	14	31	2	5,5
FOURIERDEMO	22	38	60	88	0,7
MOIREDEMO	20	59	79	3	26,3
SINUSDEMO	18	89	107	5	53,5
NFOURIERDEMO	131	90	221	5	44,2
NSINUSDEMO	70	108	178	4	44,5
NVECTORS	201	269	470	9	52,5

Tab. 5.2. Netzbelastung durch die Demonstrationsprogramme

In Tab. 5.2 sind mit 'ein' die beim NeWS-Server eintreffenden Pakete und mit 'aus' die vom NeWS-Server verschickten Pakete zur Bestätigung der eintreffenden Pakete sowie die zur Kommunikation benötigten gemeint. 'insg.' ist die Summe von 'ein' und 'aus'. Die Zeit bezieht sich auf den Zeitabschnitt vom Verschicken des ersten Paketes bis zum Verschicken des letzten Paketes zur Erstellung einer Graphik. Die Zeit ist in Sekunden gemessen. Der Lade- und Initialisierungsvorgang des Programmes ist nicht in 'Zeit' enthalten. 'Pak. /sec' ist der Quotient aus 'insg.' und 'Zeit' und gibt an, wieviel Pakete pro Sekunde im Mittel beim Lauf der jeweiligen Programme verschickt wurden.

Wenn man bedenkt, daß das Programm NVECTORS fast nichts anderes macht, als andauernd zwischen NeWS-Server und NeWS-Client zu kommunizieren, ist eine Obergrenze für die Netzbelastung, die ein Anwendungsprogramm hervorrufen kann, bei ungefähr 50 Paketen pro Sekunde erreicht. Vergleicht man dazu die ca. 1250 Pakete pro Sekunde, die ein 10 MBit/s Ethernet maximal verkraften kann (ein Paket = 1024 Bytes = 8192 Bit), dann wird klar, daß mit einem einzelnen Anwendungsprogramm keine bedeutende Netzbelastung erreicht werden kann.

Um nun doch eine stärkere Netzbelastung zu erreichen, wurde ein Experiment gestartet, bei dem sich fünf Sun-Workstations (vier 3/50, eine 3/140) bis zu 25 NeWS-Anwendungen gleichzeitig zuschicken. Dabei waren die Anwendungsprogramme so weit abgeändert worden, daß eine Anwendung nach ihrer Beendigung nach kurzer Pause neu gestartet wurde. Dabei erreichte die Ethernet-Auslastung bei ca. 10 Anwendungsprogrammen die 20-Prozent-Marke, die bei weiterer Erhöhung der Anzahl der Anwendungsprogramme dann nicht mehr deutlich überschritten wurde. Die Anzahl der Kollisionen auf dem Netz betrug dabei im Schnitt 5 pro Sekunde. Im Vergleich dazu wird im Normalbetrieb auf einem Sun-Cluster an der Universität Dortmund eine durchschnittliche Netzauslastung von 10 Prozent erreicht, und die Anzahl der Kollisionen liegt nahe bei Null.

Die Tatsche, daß die 20-Prozent-Marke trotz weiterer Steigerung der Anzahl der Anwendungsprogramme nicht deutlich überschritten werden konnte, ist dadurch erklärbar, daß die CPUs aller Workstations zu dem Zeitpunkt schon zu 100 Prozent ausgelastet waren, daß sie deshalb mit der Bestätigung der eintreffenden Pakete in Verzug kamen und daß dann von der sendenden Workstation eine Pause in der Aussendung von Paketen erfolgte (Timeoutkontrolle). Eine zusätzliche Verzögerung im Senden von Paketen ergibt sich natürlich für die sendende Workstation selbst auch durch die 100-prozentige CPU-Auslastung.

Zusammenfassend läßt sich sagen, daß die vorliegende Konfiguration von Sun-Workstations das Netz nicht so stark belasten kann, daß es zum Engpaß des Sun-Clusters wird. Bei schnellen Rechnern (höhere Taktung, RISC bzw. SPARC-Architektur) kann sich der Engpaß allerdings verschieben.

5.3 Der virtuelle Speicher

Gemessen wurden die Größe der Source- und Objectfiles der Demonstrationsprogramme sowie der maximal benötigte virtuelle Speicher auf NeWS-Server und NeWS-Client. Bei den verwendeten Maschinen waren 4 MB Hauptspeicher (SUN 3/50) bzw. 16 MB Hauptspeicher (SUN 3/140) installiert. Davon sind ca. 2 MB - diese werden vom Betriebssystem benötigt - abzuziehen, um die für den Benutzer frei verfügbare Hauptspeichergröße zu ermitteln. Die Meßergebnisse sind in Tab. 5.3 und 5.4 zusammengestellt.

	PS	.h	C	Object
BOXDEMO	4218	5464	1739	57344
COUNTDOWN	1164	5258	795	57344
FOURIERDEMO	2885	6160	810	57344
MOIREDEMO	2699	5689	801	57344
SINUSDEMO	1197	5244	798	57344
NFOURIERDEMO	1315	5448	1548	122888
NSINUSDEMO	1313	5426	1262	114688
NVECTORS	1409	5693	243520	286720

Tab. 5.3. Dateigrößen der Demonstrationsprogramme

Alle in Tab. 5.3 vorhandenen Größen sind in Byte angegeben. Die mit 'PS' bezeichnete zweite Spalte enthält die Größe des mit dem CPS-Precompiler zu behandelnden PostScript-Sourcefiles. Die mit '. h' bezeichnete dritte Spalte enthält die Größe des vom CPS-Precompiler erzeugten '. h'-Files. Die vierte Spalte enthält die Größe des C-Sourcefiles und die fünfte Spalte die Größe des vom C-Compiler erzeugten Objectfiles.

	Client	Server
BOXDEMO	520000	1200000
COUNTDOWN	520000	1248000
FOURIERDEMO	680000	1200000
MOIREDEMO	208000	1176000
SINUSDEMO	584000	1200000
NFOURIERDEMO	608000	1296000
NSINUSDEMO	384000	1320000
NVECTORS	582000	1296000

Tab. 5.4. Aktiver virtueller Speicher bei den Demonstrationsprogrammen

In Tab. 5.4 enthält die mit 'Client' bezeichnete zweite Spalte die Größe des Hauptspeichers, der während des Programmlaufes auf dem NeWS-Client maximal belegt war. Dies ist gleichzeitig die Größe des aktiven virtuellen Speichers, da kein Paging zu beobachten war. Somit konnten alle Programme komplett in den Hauptspeicher eingelagert werden. Die dritte, mit 'Server' bezeichnete Spalte enthält den gleichen Wert für die Serverseite. Sie enthält implizit einen Anteil von ca. 700 kByte für den Prozeß `news_server`. Laufen mehrere Lightweight-Prozesse auf dem NeWS-Server, so ist natürlich nur einmal 700 kByte anzusetzen.

Zunächst muß, bevor überhaupt auf die einzelnen Meßwerte eingegangen werden kann, bemerkt werden, daß die Größen der Programme und die Größen des maximal belegten Hauptspeichers sehr stark von der jeweiligen Anwendung abhängig sind und der Sinn der Tabellen nur darin bestehen kann, einen Eindruck von den Größenordnungen zu vermitteln. Recht erstaunlich bei den relativ kleinen Programmen ist die Größe des Hauptspeichers, der belegt wird. Die Größe des Objectfiles kommt daher, daß bei der Übersetzung des C-Programmes die NeWS-Bibliothek '/usr/NeWS/lib/libcps.a' mit einer Größe von 24562 Byte mit eingebunden wird.

Betrachtet man mehrere, gleichzeitig laufende Anwendungsprogramme, so gilt es wiederum zu unterscheiden zwischen der Situation auf dem NeWS-Server-Rechner und der Situation auf dem NeWS-Client-Rechner. Da es sich bei dem Teil des Anwendungsprogrammes auf dem NeWS-Client-Rechner jeweils um ganz normale UNIX-Prozesse handelt, tritt dort bei entsprechender Speicherbelastung der UNIX-interne Paging- und Swapping-Mechanismus in Kraft. Wie stark diese Mechanismen das System belasten, hängt natürlich von der Größe der Anwendungsprogramme und deren Speicherbedarf ab. Sie sind von Anwendung zu Anwendung verschieden, so daß keine allgemeine Aussage gemacht werden kann. Es wurden drei bis vier Demonstrationsprogramme auf einer Workstation laufen gelassen, wobei kein bedeutender Paging-Aufwand durch den Client-Anteil meßbar war, während die CPU für die Berechnung und Verschickung der Anwendungsdaten voll ausgelastet war.

Die Situation auf dem NeWS-Server-Rechner stellte sich etwas anders dar. Dort verwaltet der UNIX-Prozeß news_server alle NeWS-Lightweight-Prozesse, die jeweils die Verbindung zu einem Anwendungsprogramm aufrechterhalten (siehe auch Kap. 3). Wenn nun ein Lightweight-Prozeß die Erstellung einer Graphik erledigt und momentan keine weiteren Aufgaben hat, wäre der durch ihn belegte Speicherbereich im Falle eines stark ausgelasteten Speichers ein Kandidat, der ausgelagert werden könnte. Da Lightweight-Prozesse aber nur intern im UNIX-Prozeß news_server und nicht dem UNIX-Betriebssystem bekannt sind, tritt so lange kein Auslagern ein, wie der Prozeß news_server noch für andere Lightweight-Prozesse aktiv ist. Im normalen Arbeitsbetrieb ist aber immer die eine oder andere Window-Aktion nötig, so daß der Effekt eintritt, daß auch für nicht aktuelle Windows und Graphiken Platz im Hauptspeicher resident bereitgehalten wird. Wie stark sich der Effekt im Arbeitsbetrieb auswirkt, konnte nicht herausgefunden werden, da die UNIX-Softwaremonitore keine Lightweight-Prozesse beobachten können. Global richtig ist aber die Aussage, daß bezüglich der Belegung des residenten Hauptspeichers der UNIX-Prozeß news_server gegenüber anderen UNIX-Prozessen bevorzugt wird, da diese im Falle starker Hauptspeicherbelastung relativ mehr ausgelagert werden müssen. Das heißt für den Prozeß news_ server, daß er auf Speicherbereiche von Lightweight-Prozessen, die einige Zeit nicht mehr aktiv waren, gegebenenfalls entsprechend schneller zugreifen kann, da nicht eingelagert werden muß. Natürlich werden im Falle besonders hoher Speicherauslastung auch Speicherbereiche des Prozesses news_server ausgelagert. Versuche mit den Demonstrationsprogrammen ergaben in einer Situation, wo einige schlafende und drei bis vier aktiv eine Graphik aufbauende Lightweight-Prozesse existierten, in einer Situation also, wo die CPU zu 100 Prozent ausgelastet war (siehe Kap. 5.1), keinen besonders hohen Paging-Aufwand. Somit ist nach den Experimenten nicht der Hauptspeicher, sondern die CPU der Workstation bei Belastung durch NeWS der Engpaß des Systems. Wie bereits erwähnt, ist zu erwarten, daß dieses Problem mit einer schnelleren CPU verschwindet.

6 Anwendungen

In diesem Kapitel werden drei typische Anwendungen mit NeWS vorgestellt. Die ersten beiden Anwendungen, MOIREDEMO und NFOURIERDEMO, sind schon aus Kap. 5 bekannt, werden hier aber ausführlicher besprochen. Insbesondere werden auch die zu diesen Programmen gehörigen Listings mit einer Vielzahl von Kommentaren aufgeführt, die dem Leser bei den ersten Programmierversuchen mit NeWS hilfreich sein können. Beim Programm NFOURIERDEMO wird außerdem gezeigt, wie man NeWS-Standard-Windows komplett verändern kann.

Die beiden ersten Anwendungen bestehen jeweils aus zwei Programmteilen, einem C-Programmteil, auch Client-Programmteil genannt, und einem PostScript-Programmteil, Server-Programmteil genannt. Zwischen beiden Programmteilen findet jeweils eine bidirektionale Kommunikation statt.

Die dritte Anwendung, eine graphische Benutzungsoberfläche für das Betriebssystem UNIX [Kump88], wird anhand von Graphiken erläutert. Hier werden alle wesentlichen Fähigkeiten von NeWS, wie Event-Technik, Netzwerkfähigkeit, Lightweight-Prozeßtechnik, Menütechnik und das Klassenkonzept verwendet. Mit dieser Anwendung soll ein Gesamtbild der Leistungsfähigkeit von NeWS gegeben werden. Auch hier wird für einen Teilaspekt der Oberfläche ein kommentiertes PostScript-Programm-Listing angegeben, welches in erster Linie die Anwendung der Event-Technik zeigt.

6.1 Das Programm MOIREDEMO

Das Programm zeichnet ein graphisches Muster, ein sogenanntes Moiré-Gitter. Der Zeichenalgorithmus ist denkbar einfach: Man wähle einen Punkt in einem user space beliebiger Form und ziehe jeweils eine gerade Linie von dem Punkt zu allen Randpunkten des user space. Die Anzahl der Randpunkte muß endlich und fest sein, was man durch eine entsprechende Skalierung mit dem `scale`-Operator erreicht. Hier wird ein rechteckiger user space verwendet. Da der user space aus der 'Sicht' eines Druckers oder Displays keine unendliche Auflösung besitzt, können keine geraden Linien dargestellt werden. Eine gerade Linie wird daher durch mehrere versetzt aneinandergehängte gerade Linienstücke approximiert. Dadurch werden insbesondere die Abstände zwischen zwei benachbarten Linien stark inhomogen. Diese Effekte führen zu der interessanten Graphik in Abb. 6.1.

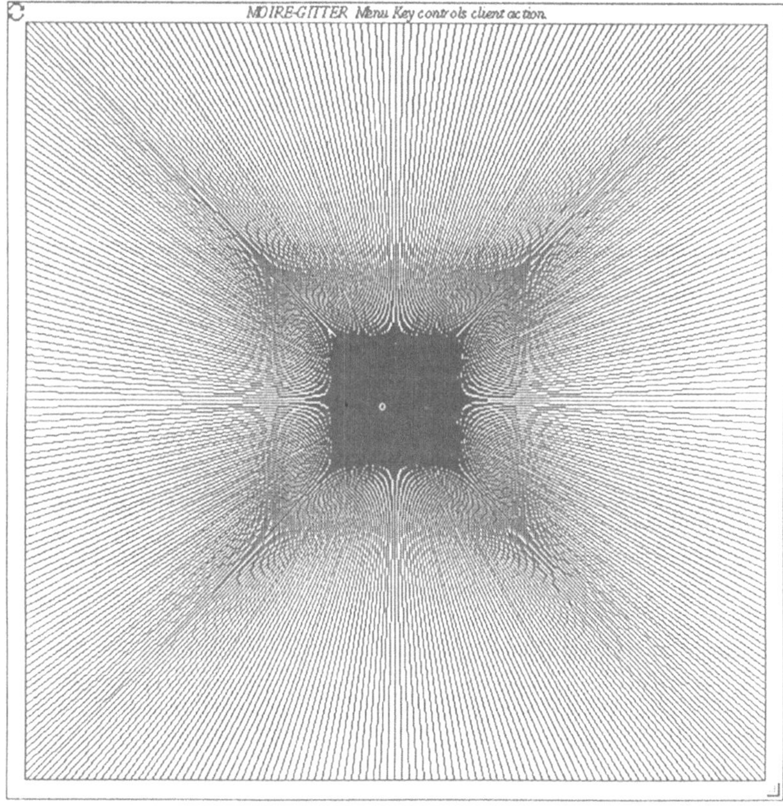

Abb. 6.1. Ein Moiré-Gitter

Das hier abgebildete Muster setzt sich aus 400 Linien zusammen. Mit Hilfe eines Menüs kann man auch den Gittermittelpunkt verändern. Die Realisierung des Programmes zur Erzeugung des Moiré-Gitters ist sehr einfach, jedoch kann die Geschwindigkeit, mit der das Gitter gezeichnet wird, abhängig vom verwendeten Window-System stark variieren, insbesondere in einem Netzwerk, wo Client und Server auf verschiedenen Maschinen laufen können.

In einem verteilten Window-System mit festem Kommunikationsprotokoll (z. B. X11) müssen 400 Linien an einen Window-Server geschickt werden. Dies geschieht in der Form draw_line(x1, y1, x2, y2). Der Window-Server plaziert sie dann in ein Window. Will man den Gittermittelpunkt verlagern, so ist wiederum dieselbe Kommunikation notwendig.

Daraus kann man leicht ersehen, daß bei Verwendung eines netzwerkfähigen Window-Systems mit festem Kommunikationsprotokoll erhöhter Kommunikationsaufwand entsteht, den man mit NeWS in diesem Fall vermeiden kann. Man schreibt einfach eine PostScript-Prozedur, die das Gitter in ein Window zeichnet, lagert die Prozedur in einen NeWS-Server ein und kann dann das gesamte Gitter zeichnen. Dies geschieht etwa mit einem Aufruf der Form draw_gitter(x, y). Dabei geben x und y die Koordinaten des Gittermittelpunktes an. Hier tritt nun ein vernachlässigbarer

Kommunikations-Overhead auf. Wie so etwas programmtechnisch realisiert wird, kann man sich in den folgenden beiden Listings ansehen.

Das erste Listing (Dateiname: moiredemo.cps) ist im wesentlichen ein PostScript-Programm, das eine Prozedur zum Zeichnen eines Moiré-Gitters enthält sowie ein Window und ein Menü definiert. Im zweiten Listing (Dateiname: moiredemo.c) wird im ersten Schritt das PostScript-Programm aus dem ersten Listing in einen NeWS-Server eingelagert und anschließend in Abhängigkeit von der Menüwahl des Benutzers ein Gitter gezeichnet. Die beiden zentralen Funtionsaufrufe im zweiten Listing sind `initialize_server()` und `draw_moire()`.

Eine Objektcode-Datei mit Namen 'moiredemo' wird mit folgenden Kommandos erzeugt:

```
cps moiredemo.cps

cc -o moiredemo moiredemo.c /usr/NeWS/lib/libcps.a
```

Dann kann unter NeWS z. B. in einem Terminal-Window das Programm durch Eintippen von 'moiredemo' gestartet werden.

Das hier aufgeführte Programm MOIREDEMO ist typisch für eine Klasse von Programmen, die viel Graphik benötigen (siehe auch Kap. 6.3), wobei hauptsächlich Makros, wie etwa `draw_moire()`, aufgerufen werden, aber wenig Rechenaufwand zur Erstellung der Graphik beanspruchen. Diesen Fall wollen wir im nächsten Abschnitt behandeln, doch zunächst die Listings zum Programm MOIREDEMO.

Das Listing zum Server-Programmteil: moiredemo.cps

```
% Server-Programmteil zu MOIREDEMO
%   =============================
%
% Dateiname:          moiredemo.cps
%
% Aufgabe:
%         Zeichnet ein Moiregitter
%         Algorithmus: zeichne von einem beliebigen Startpunkt
%         innerhalb eines Fensters Linien zu allen Randpunkten
%         des Fensters. Der Startpunkt wird auf der Winkelhal-
%         bierenden verschoben.
%
% Schnittstellen zum C-Programm 'moiredemo.c':
%
%
%
%                     initialize_server()
%                     get_menu_selection()
%                     draw_moire()
%
% Menue:
```

```
% count-down :        legt Startpunkt in rechte obere Ecke und
%                     verschiebt ihn auf der Winkelhalbierenden
%                     nach unten
%
% count-up:           legt Startpunkt in linke untere Ecke und
%                     verschiebt ihn auf der Winkelhalbierenden
%                     nach oben
%
% break:              Programmabbruch
%
%
%
% Prozessart:         lightweight

% Folgende Prozedur laedt den gesamten PostScript-Code des Pro-
% grammes 'moiredemo' in den NeWS-Server. Dabei werden
% PostScript-Prozeduren, Variablen, ein Menue und ein Window
% definiert sowie erzeugt.

    cdef initialize_server(RESOLUTION)

    /xhires RESOLUTION def % Skalierung der x-Achse im Window

    /yhires RESOLUTION def % Skalierung der y-Achse im Window

% Default: Gittermittelpunkt in Fenstermitte legen

    /moiregitter xhires 2 div def

% Aktionen definieren, die per Menue aktiviert werden koennen

% 1 an Client (C-Programm) schicken

    /count-up   { 1 typedprint } def

% 2 an Client schicken

    /count-down { 2 typedprint } def

% 3 an Client schicken

    /break      { 3 typedprint } def
% Hier beginnt die Prozedur, die das Gitter zeichnet

    /moire {
```

```
        1 fillcanvas        % ClientCanvas mit weisser Farbe fuellen
        gsave               % Graphikstatus sichern
        0 setgray           % aktuelle Zeichenfarbe: schwarz
        1 xhires div 1 xhires div scale % ClientCanvas skalieren
        /xm moiregitter def     % x-Koordinate fuer Startpunkt
        /ym moiregitter def     % y-Koordinate fuer Startpunkt
        /i 0 def % Zaehler fuer y-Koordinate (0 - 100)

        0 1 yhires {

                xm ym moveto    % Linien vom Startpunkt
                0 i lineto      % an vertikale
                xm ym moveto    % Fenstergrenzen
                xhires i lineto
                stroke          % zeichnen
                pause           % zeitkritische Schleife
                /i i 1 add def

        } for

        /i 0 def % Zaehler fuer x-Koordinate (0 - 100)

        0 1 xhires {

                xm ym moveto    % Linien vom Startpunkt
                i 0 lineto      % an horizontale
                xm ym moveto    % Fenstergrenzen
                i yhires lineto
                stroke          % zeichnen
                pause           % zeitkritische Schleife
                /i i 1 add def

        } for

        grestore    % gesicherten Graphikstatus wiederherstellen

} def           % Definitionsende der Prozedur 'moire'

% Definition eines Windows mit Hilfe der Klasse 'DefaultWindow'

    /win framebuffer /new DefaultWindow send def

% Redeklaration einiger Klassenvariablen

    {     /FrameLabel       % Titel des Windows
              (MOIRE-GITTER  Menu Key controls client action.)
```

```
                def

%  'PaintClient' wird automatisch von NeWS nach jeder
%  Veraenderung der Groesse des Windows per Maus aufgerufen.
%  Aus 'PaintClient' heraus muss daher die Zeichenroutine
%  'moire' aktiviert werden, nachdem zuvor das ClientCanvas
%  neue Device-Parameter(x, y, Weite, Hoehe) bekommen hat.

          /PaintClient {

                %Device-Parameter aktualisieren

                clippath pathbbox scale

                moire             % Zeichenroutine aufrufen

                } def

% Aussehen des Icons zu dem Programm definieren. 'PaintIcon'
% wird automatisch von NeWS bei einer Iconisierung aufgerufen.
% Der Inhalt des Icons ist derselbe wie beim Window.

          /PaintIcon {

                clippath pathbbox scale
                moire

                } def

% Definition eines Anwendermenues. Hier werden drei Menupunkte
% definiert, die jeweils die weiter oben definierten Handlungen
% (count-down), (count-up) und (break) ausfuehren.

          /ClientMenu
                [  (count-up) (count-down) (break) ]
                [  { currentkey cvx exec }  ]
                /new DefaultMenu send
                def

     }  win send  % Klassenvariablen und Methoden redeklarieren


% Window vom Benutzer per Maus oeffnen lassen

     /reshapefromuser win send
```

```
    /map win send % Window sichtbar machen

% Kommunikationspfade mit Client (C-Programm 'moiredemo.c')
% definieren


% PostScript ---> C : Ein Integer wird vom Server an den Client
% nach einer Menuewahl (siehe weiter oben) geschickt. Er wird
% vom Client interpretiert, und es wird eine entsprechende Hand-
% lung durchgefuehrt, siehe Client-Programmteil (moiredemo.c).

    #define MYTAG 100

    cdef get_menu_selection(n) => MYTAG(n)

         MYTAG tagprint


% C ---> PostScript : Ein Integer wird vom Client an den Server
% geschickt und 'PaintClient' aufgerufen, nachdem der Gitter-
% mittelpunkt neu definiert wurde.

    cdef draw_moire(n)

         /moiregitter n store    % Gittermittelpunkt neu definieren
         /paintclient win send   % 'paintclient' ruft 'PaintClient' auf
```

Das Listing zum Client-Programmteil: moiredemo.c

```
/* Client-Programmteil von MOIREDEMO
      ============================  */


/*
Stelle dem C-Programm alle im PostScript Programmteil
definierten Funktionen zur Verfuegung. "moiredemo.h"
wird mit 'cps moiredemo.cps' erzeugt.                      */


#include "moiredemo.h"

/* Definiere alle Menueauswahlmoeglichkeiten als C-Macros */

#define  UP        1
#define  DOWN      2
```

```
#define  BREAK      3

/* Aufloesung des Windows festlegen */

#define  RESOLUTION 100

/*        Verschiebungsdistanz  des Gittermittelpunktes auf der
          Hauptdiagonalen festlegen */

#define  SCHIEBER   10


main() /* Hauptprogramm */

{
    int i, /* Schleifenzaehler */

    direction = DOWN;         /* Default-Verschiebrichtung des
                                  Gittermittelpunktes */

    /* Oeffne die Verbindung zum NeWS-Server */

    ps_open_PostScript();

    /*    Rufe PostScript-Prozedur auf, die den PostScript-
          code in den Server laedt und alle noetigen Initiali-
          sierungen im PostScript-Programm vornimmt */

    initialize_server(RESOLUTION);

    /*    Schicke die Prozedur initialize_server() zum
          NeWS-Server */

    ps_flush_PostScript();

    /*    Durchlaufe solange folgende Schleife, bis im Menue
          BREAK ausgewaehlt wird */

    while ( direction < BREAK ) {

          get_menu_selection(&direction);

          /*    get_menu_selection ist eine PostScript
                Prozedur, die die letzte Menueauswahl
                hereinholt .
```

```
        Je nach Menuewahl bestimmte Aktion ausfuehren. */

switch(direction) {

/* Gittermittelpunkt nach oben verschieben */

case UP:


        for (i=1; i<RESOLUTION; i+=SCHIEBER) {

                /* Zeichne ein Moiregitter mit dem       */
                /* Gittermittelpunkt (i,i)               */

                draw_moire(i);

                /* Schicke alle PostScript-Prozeduren */
                /* zum NEWS-Server, die seit dem      */
                /* letzten ps_flush_PostScript        */
                /* benutzt wurden                     */

                ps_flush_PostScript();

                /* Warte, um Bild anzusehen           */

                sleep(10);

        } /* end of 'for' */

        break;

/* Gittermittelpunkt nach unten verschieben */

case DOWN:

        for (i=RESOLUTION; i > SCHIEBER; i-=SCHIEBER)  {

                draw_moire(i);
                ps_flush_PostScript();
                sleep(10);

        } /* end of 'for' */
        break;

} /* end of 'switch' */
```

```
    } /* end of 'while'

    /* Schliesse Verbindung zum NeWS-Server          */

    ps_close_PostScript();

} /* end of 'main' */
```

6.2 Das Programm NFOURIERDEMO

Das Programm steht stellvertretend für Anwendungen, die Graphiken präsentieren müssen, die auf komplizierten mathematischen Berechnungen beruhen, wie z. B. CAD-Anwendungen. Prinzipiell kann man solche Berechnungen auch in PostScript durchführen, doch wird die Berechnung aufgrund der Interpreter-Eigenschaft von PostScript sehr langsam sein. In solchen Fällen werden in der Regel ein spezielles Graphik-Terminal und ein sehr schneller Rechner (Supercomputer) eingesetzt, der die berechnete Graphik auf dem Terminal erscheinen läßt.

Aufgrund der Netzwerkfähigkeit ist eine Realisierung auch mit NeWS möglich. Man benötigt eine graphikfähige Workstation und einen Supercomputer, der mit der Workstation verbunden ist. Sämtliche Berechnungen erledigt der Supercomputer und schickt dann Anweisungen zum Zeichnen von Linien, Punkten, Kreisen ... an die Workstation. Man beachte den Unterschied zu Kap. 6.2, wo ein komplettes Programm zwischen Client und Window-System übertragen wird, das die graphische Ausgabe produziert, wohingegen hier eine große Menge von Zeichenanweisungen übertragen werden muß. Dafür ist die Berechnung der Graphik und letzendlich die Antwortzeit, d. h. die Zeit vom Absetzen des Kommandos bis zum vollständigen Aufbau der Graphik, wesentlich kürzer (vgl. Kap. 5).

Im Programm NFOURIERDEMO wird nun ein solcher Fall betrachtet. Dabei wird die Funktion `f(x) = log(2 cos(x))` durch ihre Fourierreihe approximiert. Die zugehörige Fourierreihe [BaFl83] lautet:

$$F(x) \quad = \quad \sum_{k=1}^{\infty} (-1)^k / k \cos(k\,x)$$

Solch eine Approximation ist um so genauer, je mehr Fourierglieder eingesetzt werden. Wie gut die Approximation ist, kann man sich am besten an einer Graphik anschauen, in der man die Originalfunktion und ihre Fourier-Reihenentwicklung darstellt. In Abb. 6.2 ist die Funktion durch fünf Glieder ihrer Fourierreihe approximiert worden und zeigt in weiten Bereichen schon eine gute Näherung.

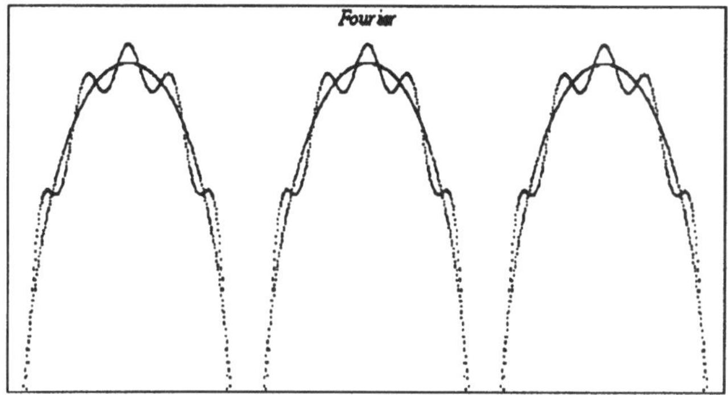

Abb. 6.2. Approximation einer Funktion durch ihre Fourierreihe

Wie schon erwähnt, müssen bei dem Beispiel sehr viele Anweisungen zum Zeichnen von Punkten an den Window-Server geschickt werden. In Kap. 5 sieht man jedoch den Geschwindigkeitsgewinn der Methode gegenüber dem Programm FOURIERDEMO, wo sämtliche Berechnungen zur Graphik in PostScript durchgeführt werden.

Die hier angewandte Methode erfordert eine etwas aufwendigere Window-Verwaltung als z. B. bei dem Programm MOIREDEMO. Das Neuzeichnen des Fensterinhaltes etwa nach einer Vergrößerung des Fensters konnte automatisch mit der NeWS-Standardmethode PaintClient bewerkstelligt werden, die einfach eine Zeichenroutine (hier: moire) aufrief. Die Zeichenroutine war vollständig als PostScript-Prozedur im NeWS-Server eingelagert.

Im Beispiel NFOURIERDEMO gibt es eine solche Prozedur jedoch nicht, denn die Graphik entsteht durch Schicken von vielen Anweisungen zum Zeichnen von Punkten an den Window-Server. Wird hier das aktuelle Fenster vergrößert, so müssen diese Zeichenanweisungen erneut an den Window-Server geschickt werden. (Man könnte natürlich auch den Inhalt des Windows retten und anschließend neu skalieren.) Dazu muß der Client jedoch zuerst erfahren, ob ein Repaint notwendig ist. Der Server muß ihm diese Notwendigkeit mitteilen.

Ein weiterer wesentlicher Unterschied in der Kommunikation zwischen Client und Server in dem Beispiel gegenüber dem Programm MOIREDEMO besteht in den Anweisungen, die von PaintClient - das bei jeder Größenveränderung des Windows automatisch von NeWS aufgerufen wird - auszuführen sind. Hier muß PaintClient dem Client mitteilen, daß ein Repaint des Windows notwendig ist, worauf der Client entsprechende Anweisungen (Neuzeichnen des Windows samt Inhalt) an den Window-Server schickt. Bei MOIREDEMO wurde der Repaint auf der Serverseite erledigt. Eine Client-Server-Kommunikation war hierfür nicht notwendig.

Des weiteren wird in dem Beispiel auch gezeigt, wie man das Layout eines Windows verändern kann, indem einige Methoden der Klasse DefaultWindow neu definiert werden. Ferner wird die Graphik direkt in das FrameCanvas gezeichnet, so daß ein ClientCanvas hier nicht extra angelegt werden muß, was einen geringeren Speicherverbrauch des Programms zur Folge hat. Einzelheiten sind in den angegebenen Listings nachzulesen.

Das Listing zum Server-Programmteil: nfourierdemo.cps

```
%Serverprogrammteil zu NFOURIERDEMO
%==============================
%
% Dateiname:        nfourierdemo.cps
%
% Aufgabe:
%         Bereitstellung eines user space zum Zeichnen;
%         Erledigung von Standard-Window-Operationen.
%
%
% Schnittstellen zum C-Programmteil
%
%                 ps_createfourier()
%                 ps_redrawfourier()
%                 ps_draw()
%
% Menue:          NeWS-Standard-Window-Menue
%
% Prozessart:         lightweight


% ps_createfourier laedt alle benoetigten PostScript-Prozeduren
% in den Server und definiert ein Window


cdef ps_createfourier()

    /window framebuffer /new DefaultWindow send def

    {       % Redefinition von Standard-Klassenvariablen und
            % Prozeduren

            /IconLabel (Fourier) def

            /FrameLabel (Fourier) def

            % Sollte Fensterinhalt zerstoert werden, wie auch immer,
            % so wird FixFrame automatisch aktiviert. Der Client
            % muss jetzt beauftragt werden, den Fensterinhalt neu zu
            % zeichnen (wie bei PaintClient).

            /FixFrame { (F) print } def        % Ein Zeichen an Client
                                               % schicken
```

```
        /PaintClient { (P) print } def      % Ein Zeichen an Client
                                            % schicken


        % Hier wird dem FrameCanvas eine bestimmte Form gege-
        % ben durch Definition eines Pfades. Es laesst sich ein
        % beliebiger Pfad definieren. Hier wird ein Rechteck defi-
        % niert.

        /ShapeFrameCanvas {

                gsave ParentCanvas setcanvas
                FrameX FrameY translate
                FrameWidth FrameHeight scale
                0 0 moveto
                0 1 rlineto
                1 0 rlineto
                0 -1 rlineto
                -1 0 rlineto
                FrameCanvas setcanvasshape
                grestore

        } def

        % FrameCanvas  skalieren

        /PaintFocus {

                gsave FrameCanvas setcanvas
                calctransform
                grestore

        } def

    } window send

    /reshapefromuser window send       % Window durch User oeffnen
                                       % lassen

    /map window send                   % Window sichtbar machen

    % FrameCanvas zum aktuellen user space machen

     window /FrameCanvas get setcanvas
```

```
% calctransform dient zum Skalieren des FrameCanvas.
% Hier werden 1080 * 1080 Einheiten gesetzt, da drei
% Perioden der Funktion im Bereich von 0 bis 360 Grad
% gezeichnet werden.

/calctransform {

        initmatrix initclip
        clippath pathbbox 1080 div exch 1080 div
        exch scale pop pop

} def


% Window nach einer Veraenderung der Groesse oder irgend-
% einer Zerstoerung neu anlegen

/RDC {

        window /FrameCanvas get setcanvas
        damagepath clipcanvas
        calctransform
        backgroundcolor setcolor fill
        textcolor setcolor clipcanvas

        % Rahmen um FrameCanvas zeichnen

        1 1 moveto
        1076 0 rlineto
        0 1079 rlineto
        -1076 0 rlineto
        0 -1079 rlineto
        stroke

        % FrameLabel in FrameCanvas zeichnen

        /paintframelabel window send

} def

% Definition einer Prozedur zum Zeichnen eines Punktes

/draw {  % x- und y-Koordinate werden auf Stack uebergeben

        moveto
        0 1 rlineto
```

```
        stroke

} def


% ps_redrawfourier zeichnet das Window komplett neu auf

cdef ps_redrawfourier() RDC

% ps_draw zeichnet einen Punkt

cdef ps_draw(float x , float y) x y draw
```

Das Listing zum Client-Programmteil: nfourierdemo.c

```
/*        Client-Programmteil von NFOURIERDEMO              */
/*        ==============================                    */

/* Stelle dem C-Programm alle im PostScript-Programm-
   teil definierten Funktionen zur Verfuegung               */

#include "nfourierdemo.h"

/* es werden einige Systemdateien benötigt */

#include <signal.h>
#include <stdio.h>
#include <sys/time.h>

main ()
{
   int   damaged;    /*  Falls damaged=1, ist das Window in sei-
                         ner Groesse veraendert worden und muss
                         neu gezeichnet werden*/

   float  xk,            /*  x-Koordinate eines zu zeichnenden
                             Punktes */

          y,         /*  Berechnete y-Koordinate eines zu
                         zeichnenden Punktes */

          fkoeff=1,  /* Anzahl der Reihenglieder, mit der */
                     /* die Fourierreihe entwickelt wird  */

          i, x, k, one;      /* Programminterne Zaehler */
```

```
double cos(), log();    /*  Zur Berechnung benoetigte
                            arithmetische Funktionen aus
                            der systeminternen Mathematik-
                            funktionenbibliothek          */


/*  Oeffne die Verbindung zum NeWS-Server,
    falls moeglich                                  */

 if (ps_open_PostScript () == 0) {
      fprintf (stderr, "No NeWS server\n");
      exit (-1);
}
/*  Rufe PostScript-Prozedur auf, die den notwendigen
    PostScript-Code in den Server laedt und alle noetigen
    Initialisierungen im PostScript-Programm
    vornimmt */

ps_createfourier ();

/*  Rufe PostScript-Prozedur auf, die das FrameCanvas
    skaliert, analog zu 'PaintClient' in MOIREDEMO    */

ps_redrawfourier ();

/*  Nun werden die Originalfunktion und ihre Fourierreihe
    berechnet und gezeichnet mit wachsender Anzahl von
    Reihengliedern, maximal jedoch 10. Dann beginnt die
    Berechnung wieder von vorn. Daher folgende Endlos-
    schleife (wegen Demonstrationszwecken): */

while (1) {

      /*  Falls Window in Groesse veraendert, stelle gueltigen
          Windowzustand wieder her                  */

      if (damaged) {

            ps_redrawfourier ();
            damaged = 0;

      }

      xk=1;  /* x-Koordinate ist 1 */

      /* zeichne drei Perioden der Originalfunktion */
```

```
for (i=0; i<3; i++)

/*    Berechne die Koordinaten der Originalfunktion */

for (x=1; x<359; x++) {

      y=log(2*cos((x-180)*3.1415/360))*600+500;

      /* Zeichne Punkt der Funktion    */

      ps_draw(xk,y);

      /* Schicke Punkt zum NeWS-Server */

      ps_flush_PostScript();

      xk++; /* x-Koordinate erhoehen */
}


/* Berechne die Koordinaten der Fourierreihen  */

xk=1; /* x-Koordinate wieder auf 1 setzen */

/* drei Perioden zeichnen */

for (i=0; i<3; i++)

for (x=1; x<359;  x++) {

      one=1;      /* Vorzeichen eines Reihengliedes */
      y=0;        /* Funktionswert */
      for (k=1; k<fkoeff; k++) { /* y berechnen */

            y=y+one/k*cos(k*(x-180)*3.1415/180);
            one *= (-1); /* Vorzeichen wechseln */
      }

      /* Zeichne Punkt der Fourierreihe */

      ps_draw(xk,y*600+500);

      /* Schicke Punkt zum NeWS-Server */

      ps_flush_PostScript();
```

```
        xk++; /* x-Koordinate erhoehen */
    }

    /* Warte, um das Bild ansehen zu koennen */

    sleep(15);


    /*FrameCanvas mit weisser Farbe fuellen und skalieren*/

    ps_redrawfourier();

    /* Erhoehe die Anzahl der Reihenglieder  */
    /* ---> neue Approximation */

    fkoeff++;

    if ( fkoeff>10 ) fkoeff=1;

    /*  Schaue nach, ob Window vom User in Groesse
        veraendert worden ist. Dabei wird direkt von
        einem Socket des NeWS-Servers gelesen. */

    {  /* Beginne Block ...  */

    int   msk = 1 << fileno (PostScriptInput);
    int   n;
    static struct timeval t;

    if (select (32, &msk, 0, 0, &t) > 0) {

            char buf[1000];
            n =read(fileno(PostScriptInput),buf,
                                     sizeof buf);

            /*  n gibt die Zahl der Zeichen an, die vom
                Strom PostScriptInput gelesen werden
                koennen.
                Falls n>0, so muss das Window repariert
                werden. Die mit der Anweisung read()
                gelesenen Zeichen werden im Server-
                Programmteil mit der Anweisung print
                geschrieben. read() leert in jedem Fall
                den Buffer buf.                     */
            if (n > 0 ) damaged++;
```

```
                                    else if (n == 0) exit (0);
                                            else perror ("read");

                  } /* end of if */

                  } /* Ende Block */

            } /* end of while */

      } /* end of main */
```

Zur Erzeugung einer ausführbaren Datei mit Namen 'nfourierdemo' sind in dergleichen Konfiguration, die bei Kap. 6.2 angegeben wurde, folgende Kommandos notwendig:

```
cps nfourierdemo.cps

cc -o nfouierdemo nfourierdemo.c /usr/NeWS/lib/libcps.a -lm
```

Das Programm kann anschließend durch Eintippen von 'nfourierdemo' (z. B. in einem NeWS-Terminal) gestartet werden.

6.3 Eine graphische Benutzungsoberfläche für UNIX

Nahezu in allen kommerziellen Bereichen spielt Computer-Graphik heutzutage eine wichtige, nicht mehr wegzudenkende Rolle. Dies ist im wesentlichen dem Fortschritt in der Mikroelektronik zu verdanken, die schnelle Prozessoren und schnelle Chips mit hoher Speicherkapazität hervorbrachte, die zur Verarbeitung von Graphik notwendig sind.

Der Einsatz von Graphik bringt auch dem Benutzer von Rechenanlagen viele Vorteile. Viele Hersteller von Rechenanlagen haben eine graphische Schnittstelle zu ihrer Anlage entwickelt, die ein objektorientiertes Arbeiten an einem Graphik-Display unter Zuhilfenahme einer Maus erlaubt. Somit muß der Benutzer nicht erst eine komplizierte Kommandosprache erlernen, um Dinge wie Kopieren oder Umbenennen von Dateien, Aufrufe von Compilern und Editoren oder ähnliches zu tätigen. Mit einer graphischen Oberfläche lassen sich solche Dinge menügesteuert erledigen, wobei die Tastatur nur noch selten benötigt wird. Das klassische Beispiel für solch eine graphische Benutzeroberfläche findet man beim Apple Macintosh. Andere Oberflächen, die auch bei Computern in der unteren Preisklasse weitläufigen Einsatz finden, sind beispielsweise GEM (Atari, PC-Bereich) und INTUITION (Commodore Amiga).

Eine solche komfortable graphische Benutzeroberfläche für das Betriebssystem UNIX ist OPEN LOOK. UNIX [Gulb88] besticht durch Dinge wie Multitasking, Multiuser-Betrieb, elektronische Post, leistungsfähige Kommandointerpreter, Netzwerkfähigkeit und ein mächtiges Dateiensystem. UNIX wird heutzutage in nahezu jedem größeren Betrieb eingesetzt.

Der Umgang mit UNIX ist nicht ganz einfach. Der Benutzer muß nämlich eine recht komplizierte Kommandosprache erlernen. Um dies zu umgehen, wurde in [Kump88] eine graphische Benutzungsoberfläche für UNIX entwickelt, die ein sehr komfortables Arbeiten mit UNIX gestattet. Diese Oberfläche wurde unter Zuhilfenahme von NeWS geschaffen. Sie kann auf allen Maschinen eingesetzt werden, auf denen das Window-System NeWS läuft. Neben der komfortablen Bedienung von UNIX lernt auch der UNIX-Einsteiger spielend, mit UNIX zu arbeiten. Für den Profi gibt es keine Einschränkungen, denn je nach Belieben ergänzen sich Oberfläche und Kommandosprache.

Auf den folgenden Seiten werden nun einige Aspekte der Oberfläche vorgestellt mit der Betonung auf dem Einsatz von NeWS bei der Entwicklung der Oberfläche. Der Umgang mit der Oberfläche wird an einer Fülle von Bildern illustriert.

Der Benutzer eines Rechensystems führt in erster Linie Operationen auf Dateien aus. Ein Dateiensystem ist ein hierarchisch organisiertes System, bestehend aus Directories und Dateien. Ein Directory ist eine spezielle Datei. Allerdings beinhaltet sie nur eine Liste der Namen der normalen Dateien und weiteren Directories, die sich in einem Directory befinden. Es gilt nun, solch ein Directory graphisch darzustellen. Dazu betrachte man Abb. 6.3.

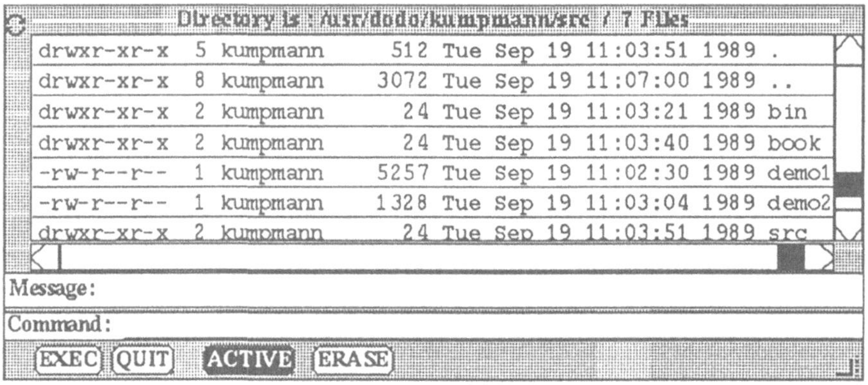

```
Directory is : /usr/dodo/kumpmann/src / 7 Files
drwxr-xr-x 5 kumpmann  512 Tue Sep 19 11:03:51 1989 .
drwxr-xr-x 8 kumpmann 3072 Tue Sep 19 11:07:00 1989 ..
drwxr-xr-x 2 kumpmann   24 Tue Sep 19 11:03:21 1989 bin
drwxr-xr-x 2 kumpmann   24 Tue Sep 19 11:03:40 1989 book
-rw-r--r-- 1 kumpmann 5257 Tue Sep 19 11:02:30 1989 demo1
-rw-r--r-- 1 kumpmann 1328 Tue Sep 19 11:03:04 1989 demo2
drwxr-xr-x 2 kumpmann   24 Tue Sep 19 11:03:51 1989 src
Message:
Command:
EXEC QUIT ACTIVE ERASE
```

Abb. 6.3. Ein Directory

Hier ist ein Directory, also eine Liste von Dateien dargestellt. Neben den Dateinamen werden auch noch Dateiattribute wie Dateityp, Zugriffsrechte, Anzahl der Verweise auf eine Datei, Besitzer, Größe und Zeitpunkt des letzten Zugriffs auf eine Datei dargestellt. Die Darstellung erfolgt in einem NeWS-Window, wobei dieses gegenüber den aus vorherigen Abschnitten bekannten Standard-Windows um einige Bausteine erweitert wurde. Hier finden sich zusätzlich Scrollbars, Button, eine Zeile für Meldungen für den Benutzer und eine Kommandozeile. Im oberen Rand des Windows ist der Name des momentanen Directories sowie die Anzahl der darin befindlichen Dateien dargestellt. Alle üblichen Window-Funktionen wie Verschieben, Ikonisieren, Verändern der Größe sind weiterhin mit dem NeWS-Standard-Window-Menü möglich.

Die gesamte Definition eines solchen Windows wird dabei in einer einzigen Klasse (siehe Kap. 3) erledigt und nur einmal in den NeWS-Server geladen. Werden mehrere Directories benötigt, so ist jeweils nur eine Inkarnation der Klasse mit dem gewünschten Directory als Parameter zu schaffen, womit der Vorteil eines Server-basierten Window-Systems unterstrichen wird. Benötigt man ein Directory gerade einmal nicht, so kann man es ikonisieren und irgendwo auf dem Display anordnen. Beim Öffnen des Icons erscheint dann wieder das Directory an der Bildschirmposition vor der Ikonisierung.

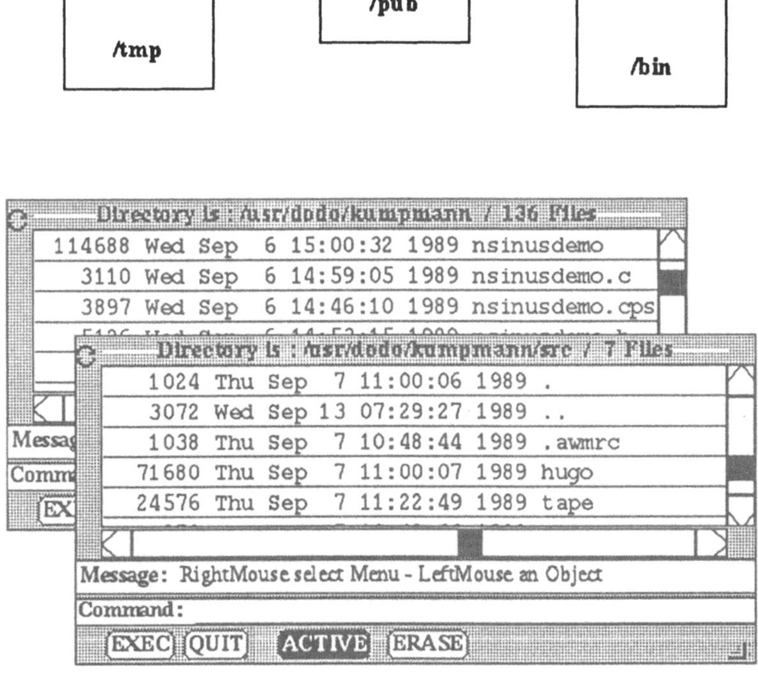

Abb. 6.4. Directories und Icons

Nun möchte man gerne Operationen auf Dateien ausführen, wie z. B. die Zugriffsrechte zu einer oder mehrerer Dateien ändern. Drückt man innerhalb des Darstellungsbereiches der Dateien die rechte Maustaste, so erscheint zunächst ein Menü, welches verschiedene Makros anbietet. Zu jedem Makro gibt es eine Menge von Operationen, wie etwa beim Macro 'Files', siehe Abb. 6.5. Als Operation wird jetzt 'chmod' ausgewählt.

Die Aufbereitung der verschiedenen Menüs läßt sich im wesentlichen mit NeWS-Standardklassen erledigen, die auch sogenannte Pull-Right-Menüs in beliebiger Schachtelungstiefe erlauben.

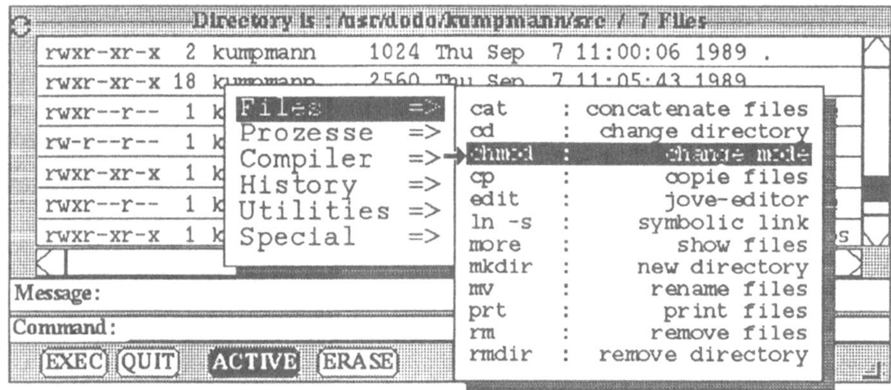

Abb. 6.5. Verschiedene Menüs

In Abb. 6.6 wird gezeigt, was passiert, wenn man die rechte Maustaste wieder löst. Mit der linken Maustaste können Button aktiviert und somit Zugriffsrechte für die einzelnen UNIX-Benutzerklassen spezifiziert werden. Hierbei wird in erster Linie die Event-Technik von NeWS eingesetzt: Wird die linke Maustaste irgendwo im Window gedrückt, so wird der Event eingefangen. Anschließend schaut man nach, ob ein Button getroffen wurde, und invertiert ihn.

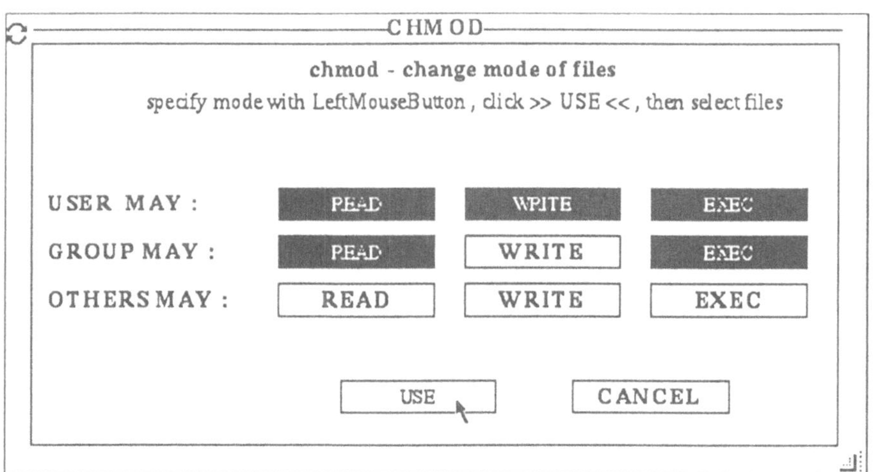

Abb. 6.6. Spezifikation von Dateizugriffsrechten

Nach Betätigung des USE-Button erscheint wieder das Directory-Window mit einer veränderten Kommandozeile. Dort wird das UNIX-Kommando angezeigt, welches man hätte eintippen müssen, um Zugriffsrechte zu ändern. Auch der Weg ist natürlich möglich. Nun werden einfach noch die Dateien ausgewählt, deren Zugriffsrechte geändert werden sollen. Hierzu wird die linke Maustaste eingesetzt. Um festzustellen, welche Datei ausgewählt wurde, wird wieder die Event-Technik von NeWS eingesetzt, wie bei Abb. 6.6. Die ausgewählten Dateien erscheinen dann in der Kommandozeile, wie in Abb. 6.7 zu sehen ist, wo die Datei mit Namen 'tape' bereits ausgewählt wurde und die Datei 'user.ps' gerade selektiert wird. In der Message-Zeile wird für den Benutzer die Anwendung des momentanen Kommandos angezeigt.

Die Kommandozeile, die in dieser Form von NeWS standardmäßig zur Verfügung gestellt wird, ist voll editierbar, so daß der UNIX-Erfahrene je nach Bedarf an beliebiger Stelle z. B. noch Metazeichen eintippen kann. Dazu wird einfach der Maus-Cursor an die entsprechende Stelle in der Kommandozeile bewegt.

Eine Besonderheit in einem Directory-Window ist der ACTIVE-Button, der in Abb. 6.7 invertiert dargestellt ist. Damit kann momentan nur in dem Directory ein Kommando konstruiert und ausgeführt werden. Jedoch können in beliebigen Directories Dateien selektiert werden und dem Kommando als Parameter dienen.

Um dies zu realisieren, wird die Lightweight-Prozeßtechnik von NeWS eingesetzt. Zu jedem Directory-Window gehört ein Lightweight-Prozeß. Der Lightweight-Prozeß des momentan aktiven Directory-Windows ist auch der momentan aktive Prozeß innerhalb einer bestimmten Prozeßgruppe, nämlich der aller Prozesse, die jeweils für ein Directory zuständig sind. Der Prozeß ist allen anderen Prozessen bekannt. Wird nun in einem nichtaktiven Directory-Window eine Datei selektiert, so kann der Name der Datei dem aktuell aktiven Prozeß mit Hilfe der Event-Technik geschickt werden. Der Prozeß fügt den Dateinamen dann in das aktuelle Kommando ein.

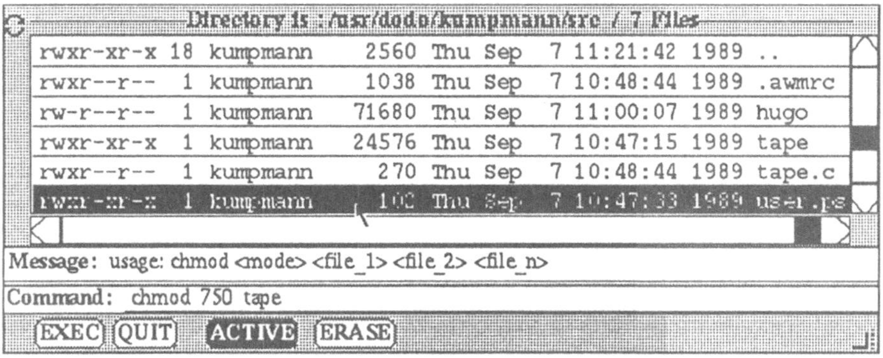

```
Directory ls : /usr/dodo/kumpmann/src / 7 Files
rwxr-xr-x 18 kumpmann   2560 Thu Sep  7 11:21:42 1989 ..
rwxr--r--  1 kumpmann   1038 Thu Sep  7 10:48:44 1989 .awmrc
rw-r--r--  1 kumpmann  71680 Thu Sep  7 11:00:07 1989 hugo
rwxr-xr-x  1 kumpmann  24576 Thu Sep  7 10:47:15 1989 tape
rwxr--r--  1 kumpmann    270 Thu Sep  7 10:48:44 1989 tape.c
rwxr-xr-x  1 kumpmann    102 Thu Sep  7 10:47:33 1989 user.ps
Message:  usage: chmod <mode> <file_1> <file_2> <file_n>
Command:  chmod 750 tape
EXEC  QUIT  ACTIVE  ERASE
```

Abb 6.7. Auswahl von Dateien

Betätigt man nun den EXEC-Button mit der linken Maustaste, so wird das in der Kommandozeile befindliche Kommando ausgeführt. In ihm wurden die Zugriffsrechte für die Dateien 'tape' und 'user.ps' geändert, wie man in Abb. 6.8 sieht. Ferner wird dort das Kopieren von Dateien von einem Directory in ein anderes gezeigt. Drückt man die mittlere Taste über einer beliebigen Datei, so erhält man ein kleines Fenster mit einer Anweisung, was zu tun ist und welche Funktion ausgeführt wird. Hier wird nun die Datei 'tape' vom Directory '/usr/dodo/kumpmann' in das Directory '/usr/dodo/kumpmann/src' kopiert.

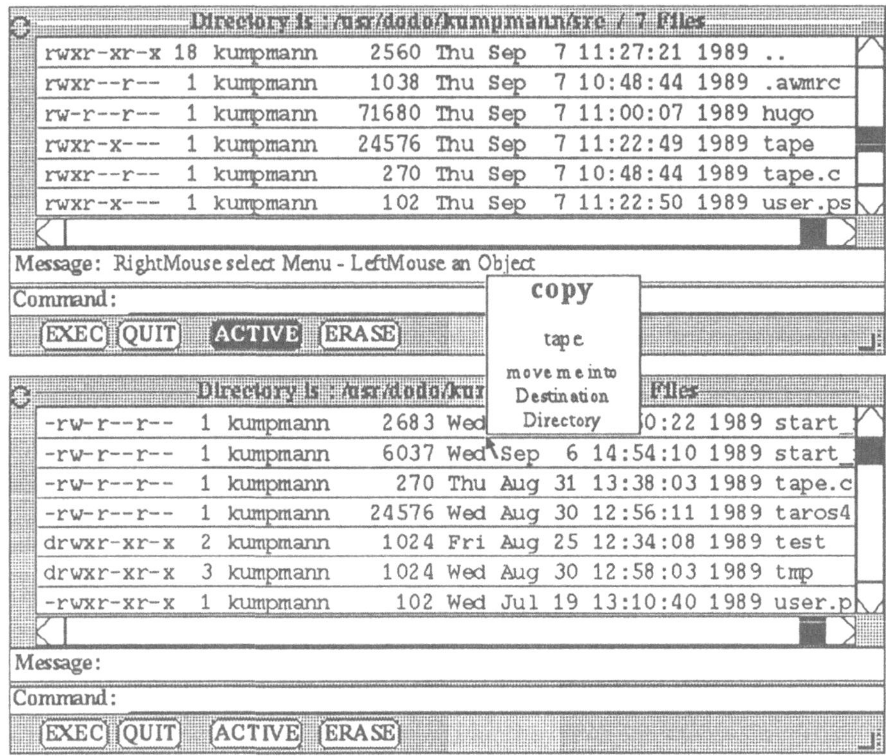

Abb. 6.8. Kopieren von Dateien

In Abb. 6.9 ist die kopierte Datei 'tape' nun zu sehen.

Neben Dateien können auch Prozesse manipuliert werden. Dazu muß zunächst wieder eine Möglichkeit geschaffen werden, alle momentanen Prozesse anzuzeigen. In einem Cluster-Betrieb - mehrere vernetzte Workstations (Clients) nutzen ein großes zentrales Plattenlaufwerk (server) für lokale Dateien - möchte man sich zusätzlich die Prozesse eines beliebigen Rechners im Cluster ansehen können. Mit Hilfe des Menüs für Prozesse kann eine beliebige Maschine im Cluster ausgewählt werden. In der Message-Zeile wird für den Benutzer die Anwendung des momentanen Kommandos angezeigt. Die Funktionalität der Kommandozeile ist dieselbe wie bei einem Directory-Window.

In Abb. 6.10 werden alle Prozesse dargestellt, die momentan auf der Maschine mit Namen 'christa' laufen.

```
Directory ls : /usr/dodo/kumpmann/src / 7 Files
drwxr-xr-x  2 kumpmann   1024 Thu Sep  7 11:00:06 1989 .
drwxr-xr-x 18 kumpmann   3072 Wed Sep 13 09:20:11 1989 ..
-rwxr--r--  1 kumpmann   1038 Thu Sep  7 10:48:44 1989 .awmrc
-rw-r--r--  1 kumpmann  71680 Thu Sep  7 11:00:07 1989 hugo
-rwxr-x---  1 kumpmann  24576 Thu Sep  7 11:22:49 1989 tape
-rwxr--r--  1 kumpmann
-rwxr-x---  1 kumpmann
Message: usage: ProcessTool <ma
Command: ProcessTool
EXEC QUIT ACTIVE

Select machine with RightMouseButton
fifi
christa
else
anton
```

Abb. 6.9. Auswahl einer Maschine

Darauf erhält man ein Window, in dem alle aktuellen Prozesse der Maschine 'christa' angezeigt werden. Auch hier ist das Layout gegenüber NeWS-Standard-Windows verändert, wiederum durch Definition einer eigenen Klasse. Mit Hilfe eines speziellen Menüs lassen sich auch auf Prozessen Operationen ausführen, wie in Abb. 6.10 zu sehen ist.

```
Machine ls : christa / 37 Processes
PID TT STAT  TIME COMMAND
  0 ?  D     1:49 swapper
  1 ?  S     0:11 /etc/init -
  2 ?  D     0:09 pagedaemon
 25 ?  I     0:16 /etc/portmap
 29 ?  I     0:07 /etc/ypbind
 36 ?  IW    1:05  (biod)
 37 ?  IW    1:05  (biod)
 38 ?  IW    1:03  (biod)
 39 ?  IW    1:03  (biod)
 41 ?  S     1:53 /etc/in.routed
 58 co IW    0:00 /etc/rpc.statd
 64 co IW    0:00 /etc/rpc.lockd
 70 ?  I    15:18 /etc/update
 73 ?  I     1:24 /etc/cron
 85 ?  I     0:19 /etc/inetd
 86 ?  I     0:04 /usr/lib/sendmail -bd -q1h
127 co I     0:47 selection_svc

ps -u        Show only Your Processes
ps -ax       Show all Processes
kill  Select Processes to kill by Mouse
exec         Executes kill - Command
quit         Leaves this Tool
```

Abb. 6.10. Darstellung von Prozessen

Bei der Darstellung von Prozessen kommt die Netzwerkeigenschaft von NeWS verstärkt zum Tragen. Die Informationen, die in Abb. 6.10 dargestellt werden, müssen natürlich zuerst einmal auf Maschine 'christa' erzeugt werden und dann über das Netz auf die Maschine des Benutzers der graphischen Oberfläche gesendet werden. Jetzt erst ist die Darstellung der Informationen möglich.

Was hier für Prozesse gilt, trifft genauso für Directories zu, die sich auf Maschinen aus verschiedenen Clustern befinden. Hat man z. B. zusätzlich zu einem Sun-Cluster ein Ringnetzwerk von Apollo-Maschinen, so kann man entweder auf einer Apollo oder einer Sun mit den kompletten Dateiensystemen beider Netzwerke arbeiten. Mit der Oberfläche ist dann auch ein Kopieren von Daten - wie bei Abb. 6.8 - zwischen beiden Netzwerken möglich, ohne komplizierte Datenübertragungsprogramme einzusetzen. Die Netzwerkfähigkeit von NeWS macht es möglich. In Abb. 6.11 sind noch einmal zwei Directories auf einem Sun-Display dargestellt: Das Vater-Directory eines Sun-Clusters und das Vater-Directory eines Apollo-Rings, die sogenante SuperRoot. Im Apollo-Ring befinden sich hier zwei Maschinen mit Namen 'obelix' und 'troubadix'.

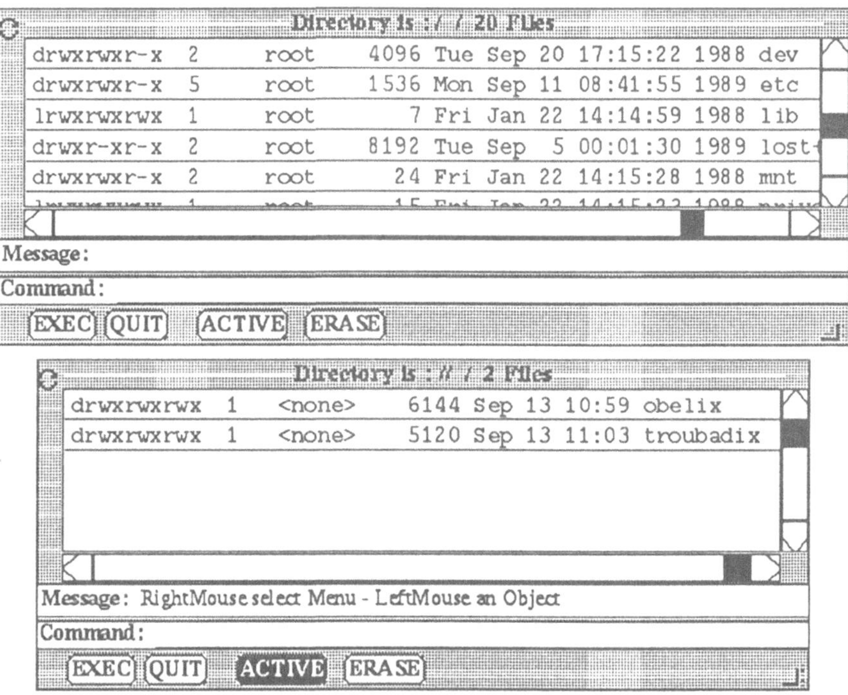

Abb. 6.11. Directories aus verschiedenen Netzen auf einem Display

Zum Abschluß des Kapitels soll nun noch anhand eines Listings gezeigt werden, wie man mit Hilfe der Event-Technik ein kleines Window mit Hilfe einer Maus über das Display bewegen kann, was man z. B. beim Kopieren von Dateien - wie bei Abb. 6.8 - benötigt.

In folgendem Programm wird an der aktuellen Position der Maus ein kleines Window erzeugt, das mit der Maus über das Display bewegt werden kann. Beim Drücken der linken Maustaste verschwindet das Window vom Display.

```
gsave  % Graphikstatus sichern

% Window mit 100 * 100 Einheiten in Groesse erzeugen

/win framebuffer 100 100 createcanvas def

win /Retained true put        % Window-Status: retained

win canvastotop               % Mache Window win  zum Top-Canvas

% Koordinaten der Maus auf dem Display holen

framebuffer setcanvas
currentcursorlocation

win setcanvas movecanvas %  Window win  dorthin bewegen

1 1 98 98   rectpath stroke % Rahmen um Window win  legen

% Text in Window win  schreiben

/Times-Bold findfont 20 scalefont setfont

50 85 moveto (Move me !) cshow

win /Mapped true put  %  Window win  sichtbar machen

{   % Beginn des Lightweight-Prozesses fuer interaktives Bewegen
    % von Objekten ueber das Display

    % Interesse bekunden am Einfangen folgender Events:
    %      1. Maus-Bewegung
    %      2. Linke-Maustaste niederdruecken

    createevent dup

            begin

                    /Name dictbegin

                                /MouseDragged dup def
```

```
                dictend def

end expressinterest

createevent dup

        begin

                /Name dictbegin

                                /LeftMouseButton dup def

                dictend def


                /Action dictbegin

                                /DownTransition dup def

                dictend def

end expressinterest

% Auf Events warten und bei Eintreten entsprechend handeln

{       % Event-Manager-Schleife

        /MyEvent awaitevent def   % auf Event warten

        % Event eingefangen; auswerten ...

        MyEvent /Name get /MouseDragged eq {

                                % Maus wurde bewegt, Window win  an
                                % momentane Mausposition auf Display
                                % bewegen

                                framebuffer setcanvas

                                currentcursorlocation

                                win setcanvas movecanvas

        } if  % Ende von MouseDragged

        MyEvent /Name get /LeftMouseButton eq
```

```
        MyEvent /Action get /DownTransition eq and {
                    % Linke Maustaste wurde gedrueckt
                    grestore
                    currentprocess killprocessgroup } if
    } loop % Ende der Event-Manager-Schleife
} fork pop  % Ende des Lightweight-Prozesses
```

Befindet sich das hier aufgeführte Listing in einer Datei mit Namen 'move', so kann die Datei mit dem Kommando `psh move` ausgeführt werden. Dabei kann z. B. die Graphik in Abb. 6.12 entstehen.

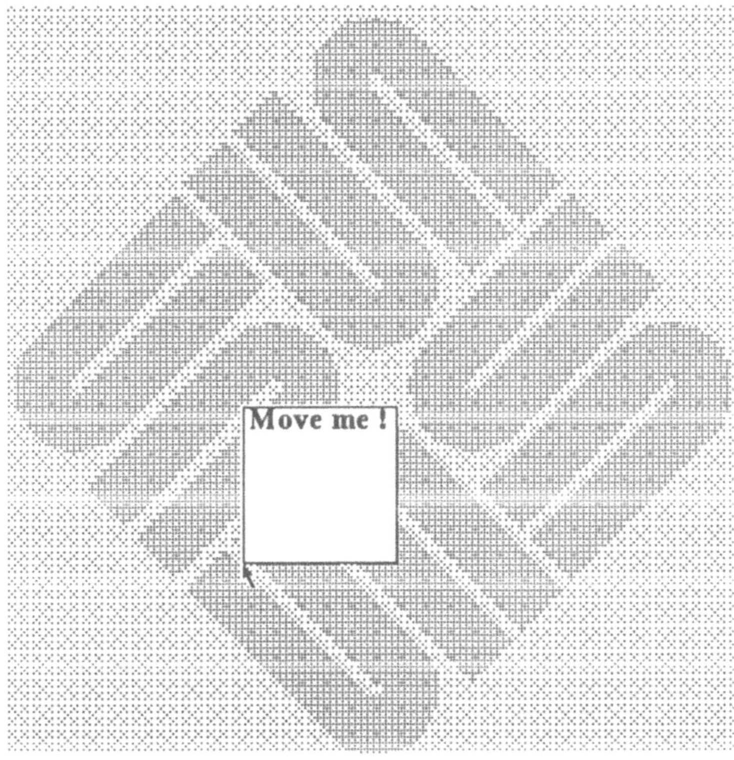

Abb. 6.12. Bewegen eines Objektes über das Display

7 Erfahrungen

In dem Kapitel sollen Erfahrungen bei der Arbeit mit NeWS, die während der Entwicklung der Demonstrationsprogramme sowie während der Messungen gemacht wurden, aufgeführt werden. Im einzelnen werden Effekte beim Starten von NeWS, das Zusammenwirken von NeWS-Windows mit SunView-Windows, die Problematik von Fehlermeldungen sowie Portierungsaspekte behandelt.

7.1 Starten

NeWS wird auf dem NeWS-Server-Rechner durch den UNIX-Befehl `news_server` bzw. auf Sun3-Rechnern mit `news_server020` aufgerufen. Sofort wird der gesamte Bildschirm überschrieben, und nach ca. 20 Sekunden Initialisierungszeit kann mit der Arbeit begonnen werden. Drückt man jetzt die rechte Maustaste, erscheint ein Menü auf dem Bildschirm, das sogenannte Root-Menü (s. Abb. 7.1).

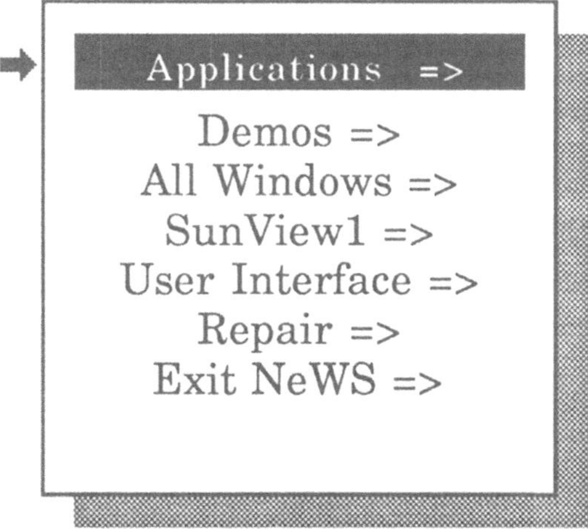

Abb. 7.1. Das NeWS-Root-Menü

Es erscheint auch später immer genau dann, wenn der Mauszeiger nicht in ein spezielles Window, sondern auf den beim NeWS-Aufruf hergestellten Bildschirmhintergrund zeigt. Wählt man im Root-Menü `Give Up` aus, wird NeWS verlassen, und es erscheint wiederum die vor dem NeWS-Aufruf vorhandene Benutzeroberfläche.

Diese Tatsachen sind von einfachem Sachverhalt und unproblematisch. Problematisch wird es erst, wenn ein anderer auf dem jeweiligen Rechner eingeloggter Benutzer, der nicht die Workstation direkt bedient, sondern vor einem anderen Terminal sitzt, versucht, `news_server` aufzurufen. Dann wird der gesamte Bildschirm der Workstation überschrieben. Der Benutzer der Workstation kann zwar durch `Give Up` seine ursprüngliche Benutzeroberfläche wiederherstellen, aber der vor dem `news_server`-Aufruf vorhandene Bildschirminhalt erscheint nicht mehr. Befand sich der Benutzer der Workstation vor dem Aufruf in einem Editor, sind zwar noch alle Puffer des Editors mit den jeweiligen Daten vorhanden, und es können alle Editorkommandos eingegeben werden, aber ein ungeübter Benutzer wird zuerst vermuten, daß seine gesamte Editierarbeit verloren ist.

In solch einem Fall empfiehlt es sich, alle Editor-Buffer abzuspeichern, den Editor zu verlassen und ihn neu aufzurufen. Andererseits können durch einen solchen `news_server`-Aufruf mühsam hergestellte Bildschirmdaten vollständig verloren gehen, so daß mittels NeWS sehr einfach eine Boykottierung von sinnvoller Arbeit auf Rechnern, auf denen NeWS installiert ist, möglich ist. Ein Schutzmechanismus, der nur direkt vor den Workstations sitzenden Benutzern den Aufruf des Prozesses `news_server` erlaubt, ist somit unbedingt erforderlich.

7.2 Fehlermeldungen

Damit Laufzeitfehler von NeWS, die während der Entwicklung von NeWS benutzenden Programmen entstehen, nicht direkt auf dem Bildschirm erscheinen und den Bildschirmaufbau irreparabel zerstören, ist dafür zu sorgen, daß ein definierter Bereich für Applikation- und Systemmeldungen existiert, in dem solche Fehlermeldungen abgefangen werden. Wählt man im Root-Menü das 'Terminals'-Untermenü 'Console' aus, so erscheint ein Window mit UNIX-Shell, in das die meisten Laufzeitfehler, statt in die Mitte des Bildschirms, geschrieben werden. Dies kann bereits im NeWS-startup-File `user.ps` eingetragen werden.

Das Untermenü 'Terminals' des Root-Menüs stellt eine Reihe von Terminal-Emulatoren zur Verfügung. Bei der Auswahl eines Emulators wird das NeWS-Programm `psterm` aufgerufen. `psterm` ist auch aus der UNIX-Shell aufrufbar. Eine genaue Beschreibung von `psterm` enthält [Sun87a, S. 205-206]. Wichtig für den Bereich Applikation- und Systemmeldungen ist jedoch die Option '-C' von `psterm`, welche bewirkt, daß diese Meldungen in das zu erzeugende Terminal umgeleitet werden. Die Wahl 'console' im Menü 'Terminals' setzt gerade das Flag. Um in den so emulierten Terminals mit einem Editor sinnvoll arbeiten zu können oder um die UNIX-Dienstprogramme 'less', 'more' und 'man' (siehe zur Bedeutung derr Programme das ONLINE-Manual) voll funktionsfähig verwenden zu können, muß vor der Benutzung der Befehle das UNIX-Kommando

```
set term=terminaltype
```

eingegeben werden. `terminaltype` ist das jeweils im 'Terminals'-Untermenü ausgewählte Terminal. Die Terminal-Emulation mit `psterm` funktioniert bei einigen in dem Menü auswählbaren Terminal-Arten besser als bei anderen. Das liegt laut [Sun87a, S. 205] daran, daß in dem UNIX-Systemfile '/etc/termcap', welches die vom UNIX-Betriebssystem benötigten Informationen über die verschiedenen Terminal-Arten verwaltet, für manche Terminal-Arten nicht alle von NeWS benötigten Informationen enthält. Sie müssen vom Benutzer ergänzt werden. Nach einigen durchgeführten Tests ist die Emulation von 'h19', 'vt100', und 'wyse' ohne Ergänzungen in `/etc/termcap` möglich, während die Emulation von 'bitgraph' und 'tvi925' bei den oben aufgeführten UNIX-Dienstprogrammen Ergänzungen in `/etc/termcap` bedarf.

Bei schwerwiegenden Laufzeitfehlern, die meistens von fehlerhaften PostScript-Programmen herrühren, wie z. B. Stack-Overflow, kann es passieren, daß ein NeWS-Programm zusammen mit dem PostScript-Interpreter total abstürzt. Der Benutzer hat dann von seiner Maschine aus keine Möglichkeiten mehr, das Programm zu beendigen. Er kann dies nur tun, indem er sich von einem anderen Terminal an seiner Maschine einloggt und die entsprechenden Prozesse beendet. Bei manchen Fehlern hat man allerdings Glück, daß der ganze NeWS-Server-Prozeß abbricht und somit ein weiteres Einloggen nicht nötig ist. Man erhält dann die Meldung:

NeWS - UNEXPECTED SIGNAL EXPECTED IOT TRAP (CORE DUMPED)

Das Problem liegt hier wohl in der Fehlererkennung und Behandlung. Tritt nämlich ein Fehler in einer Schleife auf, so wird dies nicht vom NeWS-Server erkannt und entsprechend behandelt, sondern weitergerechnet.

Bei all solchen Fehlern wird ein core-File angelegt, welches, insbesondere bei der zuletzt beschriebenen Fehlerart, zu erheblichen File-Größen führen kann. Dies belastet stark den File-Server, was man der Meldung

ND: DISK SERVER NOT RESPONDING , STILL TRYING

entnehmen kann, die in solchen Fällen auftritt. Dieses unerfreuliche Verhalten illustriert die Tücken der Programmierung verteilter Window-Systeme. Mit der Weiterentwicklung von NeWS werden sich Schwierigkeiten dieser Art sicher reduzieren.

7.3 Zusammenarbeit von NeWS-Windows und SunView-Windows

Der Abschnitt beschäftigt sich mit Effekten, die in Situationen auftreten, in denen sich NeWS-Windows und SunView-Windows gleichzeitig auf dem Bildschirm befinden. Zunächst beobachtet man, daß sich im Falle der Überlappung von NeWS-Windows mit SunView-Windows die NeWS-Windows immer unter den SunView-Windows befinden (s. Abb. 7.2).

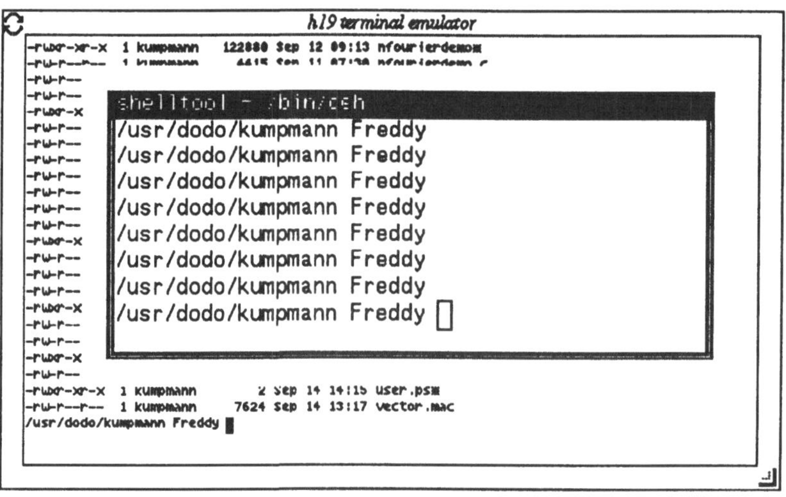

Abb. 7.2. Ein NeWS- und ein SunView-Window

Wird in solch einer Situation eine Graphik in dem NeWS-Window aufgebaut, so vergrößert sich die Dauer der Erstellung der Graphik je nach der Größe des Überlappungsanteils der Graphik (nicht des Windows) mit dem SunView-Window im Vergleich zu der Situation, in der keine Überlappung vorhanden ist. Überlappt zum Beispiel ein SunView-Window die zu erstellende Graphik eines NeWS-Windows um 25 Prozent, so verzehnfacht sich die Erstellungsdauer der Graphik. Im Vergleich dazu sei bemerkt, daß bei der Überlappung mehrerer NeWS-Windows oder auch mehrerer SunView-Windows keine deutliche Erhöhung der Erstellungsdauer von Window-Inhalten vorhanden ist. Zusätzlich werden nach einer Window-Operation (z. B. Resize, Move) in einem SunView-Window alle auf dem Bildschirm befindlichen NeWS-Windows (auch die nicht durch die Window-Operation betroffenen) und deren Inhalt neu erstellt. So kann es zum Beispiel im Extremfall passieren, daß nach der Verschiebung eines SunView-Windows bei entsprechend vorhandener Anzahl von NeWS-Windows die CPU einige Minuten mit der Neuberechnung und Neuerstellung von NeWS-Graphiken beschäftigt ist. Auch in der aktuellen Version NeWS 2.0 in X11/NeWS (Open Look) werden gleichzeitig SunView-Applikationen unterstützt. Sie werden jedoch stets "in front of" NeWS-Windows stehen. Der Bereich einer SunView-Applikation ist für NeWS ausgesperrter Framebuffer-Bereich. Das ist aufgrund der völlig unterschiedlichen Window-Technologien Kernel-basiert (lokal) <--> Server-basiert (verteilt) nicht anders möglich.

7.4 Portierung

Einer der entscheidenden Punkte bei der Entwicklung großer Softwarepakete ist deren gute Portierbarkeit. Dies trifft für NeWS zu, was durch Portierung auf Maschinen der Firma Apollo festgestellt werden konnte. Mit einem Aufwand von ca. einem Personenmonat funktionierte die Netzwerkschnittstelle zur Kommunikation von

NeWS-Clients, die auf der Apollo erzeugt wurden, mit einem NeWS-Server auf einer Sun reibungslos. So kann man sich z. B. mit der in Kap. 6.3 vorgestellten Oberfläche alle Prozesse, die auf einer Apollo-Workstation laufen, auf einer Sun-Workstation in einem Graphikfenster anzeigen lassen und manipulieren (s. Abb. 7.3).

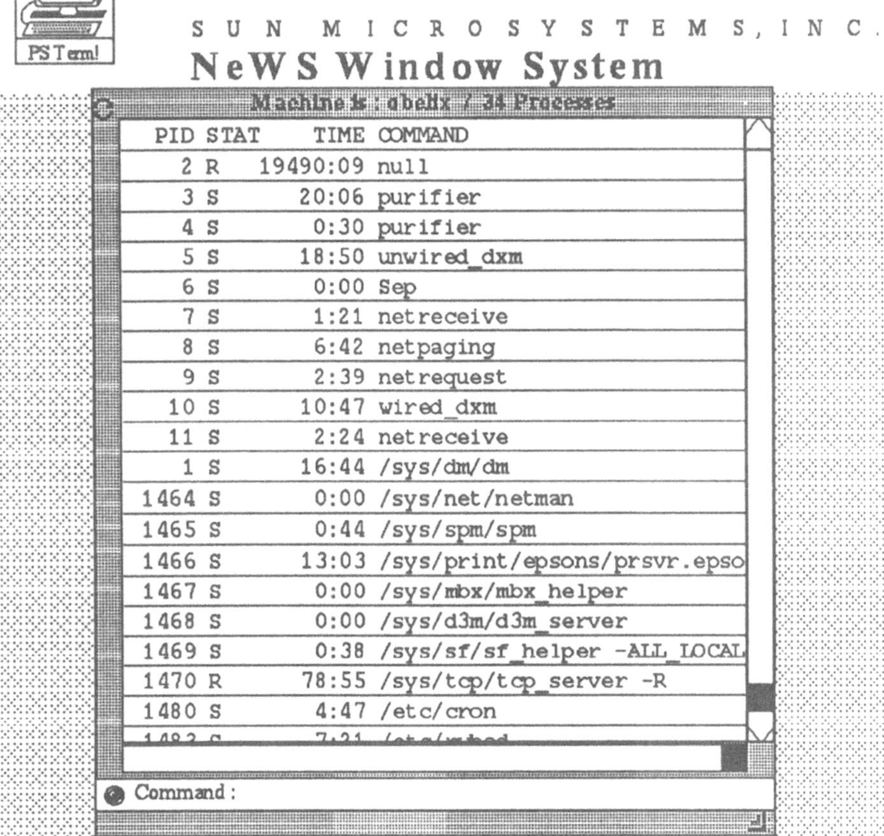

Abb 7.3. Darstellung von Prozessen einer Apollo-Maschine in einem Window einer Sun-Workstation

Eine Portierung von NeWS läuft im wesentlichen in zwei Phasen ab, wobei der Zeitaufwand für die zweite Phase nach eigenen Einschätzungen und Erfahrungen gegenüber der ersten wesentlich höher ist:

- Portierung der Betriebssystem-Schnittstelle

- Portierung der Graphikschnittstelle

Um eine Portierung der Betriebssystemschnittstelle durchführen zu können, muß das Betriebssystem der Zielmaschine folgende vier Fähigkeiten besitzen:

- Lesen und Schreiben von Dateien
- Zugriff auf Tastatur, Maus und Display
- Interprozeßkommunikation mit Clients über Byte-Ströme
- Behandlung von Geräte-Interrupts

Die Zielmaschine kann sowohl unter einem Multitasking-Betriebssystem laufen, als auch eine Single-Process-Maschine sein wie etwa ein Personal-Computer. Im Falle eines Multitasking-Betriebssystems läuft der NeWS-Server-Prozeß als Benutzer-Prozeß, wie in Kap. 3 beschrieben. Eine erste solche Portierung wurde auf Intel 386 Maschinen unter UNIX System V durchgeführt.

Alternativ dazu kann der NeWS-Server als Anwendungsprogramm auf einem Personal-Computer laufen, wobei Clients z. B. über eine Telefonleitung mit ihm kommunizieren. Dazu ist ein Multiplexer/Demultiplexer erforderlich, der die einzelnen Client-Ströme zum NeWS-Server auf die Telefonleitung multiplext und die vom NeWS-Server zurückgeschickten Daten wieder den 'richtigen' Clients zuordnet. Eine Portierung der Art wurde laut NeWS-Dokumentation bereits für den Atari ST durchgeführt.

Für die Portierung der Graphikschnittstelle müssen für elementare Operationen, wie z. B. das Zeichnen von Vektoren, Prozeduren geschrieben werden, die auf Raster-Operationen des Displays der Zielmaschine beruhen. Sind diese elementaren Funktionen implementiert, so können daraus komplizierte Graphik-Operationen, wie etwa das Zeichnen eines Rechtecks (`rectpath`), leicht erzeugt werden. Man sollte aber auf jeden Fall prüfen, welche Raster-Operationen das Device der Zielmaschine anbietet, um nicht zuviel an Performance zu verlieren, denn ein viermaliges Zeichnen eines Vektors dauert bspw. länger als eine Raster-Operation zum Zeichnen eines Rechtecks.

Der von Sun zur Verfügung gestellte NeWS-Quelltext ist eigens für eine Portierung auf diverse Maschinen zugeschnitten. Dadurch wird dem Portierer bereits ein Großteil der Arbeit abgenommen. Bei der selbst durchgeführten Portierung auf Maschinen der Firma Apollo traten jedoch beim Compilieren Syntaxfehler auf, die jedoch schnell gefunden wurden. Der Apollo-Compiler stieg bei sehr komplizierten Konstrukten aus. Nach einer Zerlegung von komplizierten Konstrukten in mehrere einfache Anweisungen funktionierte die Syntaxanalyse des Compilers einwandfrei.

7.5 Dokumentation

Die im vorliegenden Buch mehrfach kritisierte NeWS-Dokumentation NeWS 1.0 Manual [Sun87a], NeWS Technical Overview [Sun87b] und NeWS Installation Guide [Sun87c] ist für die neue Version 2.0 mit dem NeWS 2.0 Programmer's Guide [Sun89a] und dem X11/NeWS 1.0 Server Guide [Sun89b] deutlich verbessert worden. Eine Übersicht über NeWS liefert auch "The NeWS Book" [GoRA89].

8 Beurteilung

Besonders positiv hervorgehoben werden muß bei NeWS die Programmiersprache PostScript, die sehr einfach Text und Graphik integriert, die sehr viele einfach handhabbare graphische Primitive enthält und die auch mit nicht zu großem Aufwand erlernbar ist. Weiterhin positiv anzumerken ist die einfach zu handhabende und das Netz wenig belastende Möglichkeit, Windows über das Netz verteilt zu verwalten.

Als überlegenswert an NeWS herausgestellt hat sich die Tatsache, daß alle Window-, Maus-, Menü- und Tastaturverwaltungsroutinen in PostScript programmiert sind, daß sie somit jeweils bei ihrer Ausführung vom PostScript-Interpreter, der naturgemäß nicht besonders schnell sein kann, interpretiert werden müssen. Diese Verwaltungsroutinen haben keine höhere Priorität gegenüber 'normalen' graphischen Anwendungen, so daß interaktives Arbeiten mit NeWS schon bei einigen wenigen im Aufbau befindlichen Graphiken durch die hohe CPU-Auslastung und die daraus resultierende lange Antwortzeit für Benutzeraktionen sehr erschwert wird. Der einzelne Lightweight-Prozeß bekommt hier einfach zu wenig CPU-Zeit. Dies liegt daran, daß die gesamte CPU-Zeit, die der NeWS-Server - dies ist ein UNIX-Prozeß mit der Priorität eines User-Prozesses - enthält, auf alle Lightweight-Prozesse aufgeteilt wird. Bei dem viel schnelleren SunView z. B. ist jeder Prozeß, der Graphik darstellt, ein UNIX-Prozeß und bekommt so, relativ zu einem entsprechenden Lightweight-Prozeß, wesentlich mehr CPU-Zeit. Bei Maschinen mit einer Instruktionsausführungsrate von > 10 MIPS relativiert sich dieses Problem natürlich. Ansonsten kann bei NeWS Abhilfe z. B. dadurch geschaffen werden, daß die Priorität des NeWS-Servers in Abhängigkeit von der Anzahl der laufbereiten Lightweight-Prozesse erhöht wird. Weiterhin ist es wegen möglicherweise bösartigem Programmierverhalten in PostScript nicht sinnvoll, das Scheduling von Lightweight-Prozessen durch das `pause`-Kommando (siehe Kap. 3 und Kap. 5) in die Hand des PostScript-Programmierers zu legen. Hier soll in der Zukunft die Scheduling-Strategie "preemptive lwp" eingesetzt werden, was sicher zu einer deutlichen Verbesserung führen wird.

Positiv hervorgehoben werden muß auch, daß die Quellprogramme von NeWS für Hochschulen zu einem relativ geringen Nettopreis von 2700 $ erwerbbar sind, so daß Portierungen auf andere Maschinen möglich sind. Insbesondere Portierungen auf andere UNIX-Maschinen dürften sich als nicht allzu schwer erweisen. Hier muß nur die Graphikschnittstelle und eventuell die Netzwerksoftware angepaßt werden. Somit lassen sich unter NeWS eine Vielzahl von portablen Anwendungen schaffen.

Zusammenfassend läßt sich sagen, daß die aufgeführten Punkte viele neue Möglichkeiten schaffen. Die erwähnten Nachteile sind wohl eher als "Kinderkrankheiten" von NeWS anzusehen, die in neueren Versionen behoben sein werden. Für jemanden, der etwas Zeit und viel Spaß am Experimentieren hat, bietet NeWS sicher viele interessante Möglichkeiten.

NeWS scheint für eine Rechnergeneration entworfen zu sein, die in Zukunft besonders im CPU-Bereich, der ja bisher den Engpaß bildete, noch um ein vielfaches leistungsfähiger sein wird als diejenigen Geräte (Sun 3/50, Sun 3/140, Sun 3/260), die bei unseren Arbeiten zur Verfügung standen. Ob nämlich etwa bei einem Sun-Cluster bestehend aus heute schon erwerbbaren Sun 4/300 oder 4/400 die CPUs der einzelnen Workstations und nicht das Netz den Engpaß bilden werden, steht doch sehr in Frage, kann aber natürlich mit momentanen Mitteln nicht sicher beantwortet werden.

Literatur

[Adob85a] PostScript Language Reference Manual, Adobe Systems Incorporated, Addison-Wesley 1985

[Adob85b] PostScript Language - Tutorial and Cookbook, Adobe Systems Incorporated, Addison-Wesley 1985

[Adob89] PostScript Handbuch, 2. überarbeitete Auflage, Adobe Systems Incorporated, Addison-Wesley (Deutschland) 1989

[BaFl83] Barner, M.; Flohr, F.; Analysis I, Walter de Gruyter 1983

[Geih87] Geihs, K.; Lightweight Processes, Das aktuelle Schlagwort, Informatik-Spektrum 10(3), S. 169 (1987)

[GoRA89] Gosling, J.; Rosenthal, D.S.H.; Arden, M.J.; The NeWS Book, Springer 1989

[Gulb88] Gulbins, J.; UNIX Version 7, bis System V.3, Springer 1988

[Gutm] Gutmann, W.; Window-Systeme, Windowserver, Sun Microsystems Inc.

[Heck89] Heck, E.; NeWS - Network extensible Window System: Einführung in die Konzepte und Überlegungen zur Leistungsbewertung, 9. Kolloquium des Hochschulrechenzentrums GHS Essen, Rechnernetze im Wissenschaftsbereich, Juni 1989

[HeKW88] Heck, E.; Kumpmann, F.; Weiß, B.; NeWS - ein Window-System, Interner Bericht, Universität Dortmund, Informatik IV, 1988

[HeMü88] Heck, E.; Müller-Clostermann, B.; Modellierung von Benutzungsmustern in verteilten Entwicklungsumgebungen, Workshop "Modellierung graphischer Dialoge für interaktive Entwicklungsprozesse", 23.-25.3. 1988, Bonn, GMD-Studien Nr. 151

[Kump88] Kumpmann, F.; Eine NeWS-basierte graphische Benutzungsoberfläche für UNIX, Diplomarbeit, Universität Dortmund, Informatik IV, 1988

[Maur87] Mauri, G.; Window Systeme, Das aktuelle Schlagwort, Informatik-Spektrum 10(6), S. 336-337 (1987)

[ScGe86] Scheifler, R.W.; Gettys, J.; The X Window System, ACM Transactions on Graphics 5(2), 1986 (Special Issue on User Interface Software)

[SiPe88] Silberschatz, A.; Peterson, J.; Operating System Concepts, Addison-Wesley 1988

[Sun86a] External Data Representation, Networking on the Sun, Sun Manuals, Sun Microsystems Inc., 1986

[Sun86b] Inter Process Communication, Networking on the Sun, Sun Manuals, Sun Microsystems Inc., 1986

[Sun87a] NeWS 1.1 Manual, Sun Microsystems Inc., 1987

[Sun87b] NeWS Technical Overview, Sun Microsystems Inc., 1987

[Sun87c] NeWS Installation Guide, Sun Microsystems Inc., 1987

[Sun89a] NeWS 2.0 Programmer's Guide, Sun Microsystems Inc., 1989

[Sun89b] X11/NeWS 1.0 Server Guide, Sun Microsystems Inc., 1989

[Voll88] Vollenweider, P.; PostScript, Konzeption, Anwendung, Hanser Verlag 1988

Sachverzeichnis

Adresse 50, 51, 54, 55, 58
Adreßraum 26, 28
Aktion 7, 29, 44, 55, 60, 66, 76, 80, 85
Ankunftsstrom 27
Anweisung 3, 7ff, 28, 33, 48, 86, 94
Anwenderprozeß 49
Anwendungen 2, 25, 49, 54, 65, 77, 86
Anwendungsprogramme 24ff, 62ff, 73ff
Anzeige 5
AppleTalk 21
Architektur 1, 26, 74
Arithmetik 4, 21
ARPANET 49
Array 4, 7, 10, 11
Array-Elemente 10, 11
Array-Operatoren 11
atan 6
atomare Einheit 35, 57
Ausdruck 9, 11, 30
Ausgabe 3, 4, 10, 24ff, 43, 54, 61ff, 86
Ausgabefenster 25
Ausgabegeräte 27
Auslastung 71, 74, 112
awaitevent 29, 31, 33, 36, 104

Basisklasse 39
Belastung 1, 64, 69, 72, 76
Benutzeraktionen 23, 72, 112
Benutzeroberfläche 95, 107
Betriebsmittel 29
Betriebssystem 26, 28, 32, 49, 74, 76
blockieren 31, 60, 61
bool 4, 8ff, 30
BOXDEMO 62, 74, 75

Canvas 23, 29ff, 41, 81, 87, 89ff, 103
cdef 55ff, 69, 80, 83, 88, 91
changeitem 44
classbegin 39
classend 39
Client 24ff, 35, 42, 49ff, 72ff, 80ff
ClientCanvas 42, 81, 82, 87
ClientData 29, 30
ClientMenu 46, 47, 82
clippath 46, 47, 82, 90
closepath 13, 14
CPS 25, 53ff, 75
createcanvas 103
createevent 30, 31, 33, 103, 104
currentdict 39
currentevent 36
currentprocess 33, 105
currenttime 30, 34, 35
cvs 20, 21

damagepath 90
Datei 3, 46, 79, 88, 95ff, 105, 111
Datentyp 4, 5, 29, 37, 55ff, 69, 80ff
def 7, 8, 10ff, 29ff, 80ff
DefaultMenu 44, 46, 82
DefaultWindow 42, 43, 46, 81, 87, 88
delaytime 34, 35
deleteitem 44
Demonstrationsprogramme 64, 71ff, 106
Designregeln 11, 23
Desktopmodelle 72
dict 4, 7, 18, 19, 29, 30, 37, 103, 104
Dienst 37ff, 44, 50, 107, 108
div 4, 6, 7, 45, 80, 81, 90
Dokumentation 111
DoOrFork 36
download 21
DownTransition 29, 104, 105
drawobjekt 45, 46, 47
Dreieck 16, 45, 46

Drucker 21, 23
dup 6ff, 13, 17, 45, 103, 104

eingeloggter 107
Empfänger 27, 29, 35
Empfangsbestätigung 61
Emulation 108
eq 3, 9, 24, 27, 45, 53, 63, 104, 105
Ereignis 23, 28, 31
Erweiterbarkeit 23
Erzeugen von Events 23, 30, 31
Ethernet 24, 59, 71, 72, 73, 74
Event 23, 27ff, 41, 47, 69, 77, 102ff
Event-Feld 31
EventManager 36, 70
Event-Objekt 30
Eventqueue 30, 31, 33
Eventverteilungsmechanismus 30, 31
exch 13, 39, 90
expressinterest 30, 31, 33, 36, 104
ExpressInterest 69

Fakultät 8
Farbe 3, 11ff, 23, 45, 81, 94
Farbwert 13, 17
Fehlersuche 21
Felder 30, 31, 33
Fenster 25, 27, 42ff, 49, 79ff, 87, 99
fensterorientiert 1, 23
Figuren 3, 15, 17, 18, 23
Filedeskriptor 51
Fileserver 24, 73
fillcanvas 45, 81
findfont 19, 20, 103
Flexibilität 27
FontDirectory 19
forkunix 44
framebuffer 42, 43, 46, 81, 88, 103, 104
FrameCanvas 42, 87, 89, 90, 92, 94
FrameLabel 46, 47, 81, 88, 90
Funktionen 3ff, 23, 53, 83, 91, 111
Funktionsaufrufe 53, 55, 60, 69

ge 8, 9
geräteunabhängiges 12
Graphik 4, 11ff, 41, 65, 71ff, 86, 112
Graphikcode 26
Graphikschnittstelle 110, 111, 112
grestore 17, 18, 46, 81, 89, 105
gsave 16, 17, 18, 45, 81, 89, 103
gt 8, 9

Hauptprogramm 28, 84
Hauptspeicher 1, 72, 74, 75, 76
Hauptspeicherbelastung 76

IconCanvas 42
IconLabel 46, 47, 88
idiv 6
ifelse 9, 10
Imaging Model 23
Inkarnation 38, 43, 44, 97
insertitem 43, 44
Instance-Object 38, 39
Instance-Variablen 39, 40
Interests 30, 31, 33
Interprozeßkommunikation 49, 111
IP 55
IPC 49, 50, 52
ISO-Referenzmodell 49

killall 44, 45
killprocess 37, 105
Klasse 3, 37ff, 47, 79, 81, 87, 97, 101
Klassendienst 38, 39, 40, 43
Klassenkonzept 37, 77
Klassenvariable 39, 47, 81, 82, 88
Kommunikation 21, 24ff, 35, 41, 49ff
Kommunikationsendpunkte 51
Kommunikationsmodelle 62
Kommunikationsprotokoll 78
Komponente 10, 30
Konfiguration 68, 74, 95
Konstrukt 8, 12, 57, 58, 111
Kontext 38
Koordinate 11ff, 43, 47, 63, 81, 90ff
Koordinatenachse 17
Kreis 17, 18, 86

LAN 50
Laserwriter 3, 21
Laufzeit 22, 107, 108
le 8
LeftShift 29
Leistungsfähigkeit 1, 2, 77
Lightweight-Prozeß 26ff, 53, 71ff, 99
lineto 12ff, 17, 45, 81, 89, 90
Linie 3, 8, 12, 18, 24, 27, 64, 77ff, 86

Liste 30, 31, 96
LiteItem 40
LiteMenu 41, 44, 47
LiteWindow 41, 43, 47, 48

Methode 38, 41ff, 82, 87
MIPS 72, 112
Modell 11, 12, 23, 28, 50, 66ff
Modul 37, 38, 68, 69
Modulobjekt 38
MOIREDEMO 63, 72ff, 83, 87, 92
movecanvas 103, 104
moveto 12ff, 19ff, 21, 45, 81, 89
mul 4ff, 39
Multitasking 95, 111
Multiuser 95

Netz 23ff, 35ff, 48ff, 54, 71, 102, 112
Netzbelastung 24, 64, 71, 73
Netzwerkfähigkeit 23, 26, 48ff, 77, 86
Netzwerkkommunikation 53
newpath 12, 13, 16, 18
NEWSSERVER 54, 55, 66
news_server020 54, 106
NFOURIERDEMO 64, 72ff, 86ff, 91
NSINUSDEMO 64, 72ff
NVECTORS 64, 65, 72ff

Objekt 7, 8, 11, 20ff, 37ff, 59, 79, 103
Objektvariablen 38
Operatoren 3, 4, 6, 7, 8, 11, 18, 21

PaintClient 46, 47, 82, 83, 87ff, 92
paintclient 46, 47, 83
PaintIcon 46, 82
paintprozedur 47
Parameter 13, 38, 43, 55ff, 69, 82, 97
pathbbox 46, 47, 82, 90
Pfad 11, 12, 13, 23, 89
Portierung 68, 109, 110, 111, 112
PostScript 1ff, 17ff, 23ff, 35, 38, 53ff
Precompiler 54, 55, 56, 75
Priorität 31, 112
Programm 16, 21, 25, 31ff, 42, 53ff, 71
Programmablaufsteuerung 8
Programmierlevel 35, 53
Programmiersprache 3ff, 18, 23, 37, 54
Programmkörper 37
Programmrumpf 33, 34, 36, 37
Programmsegment 9, 35
Programmunterbrechung 32
Programmvariablen 35
Protokoll 24
Prozedur 7, 13, 28, 35, 47, 55ff, 78ff
Prozeduraufruf 53, 55, 60
Prozedurnamen 7, 55
Prozedurparameter 7
Prozeß 24ff, 45, 51, 61, 76
Prozeßkommunikation 27, 29, 60, 69
Prozeßliste 28
Prozeßobjekt 33, 37
Prozeßsteuerung 29
Pseudovariablen 38
psh 3, 46, 105
pstack 4, 11, 21
psterm 42, 107, 108
Pufferbereich 8

quadrat 13
quasiparallel 32, 35
Quelltext 55, 111

Rahmen 16, 18, 37, 48, 50, 90, 103
Rechengeschwindigkeit 1, 68
Rechteck 45, 46, 89, 111
Referenzmodell 49, 50
Rekursion 8
reshapefromuser 43, 46, 82, 89
rlineto 13, 17, 45, 89, 90
rmoveto 13, 14

scalefont 19, 20, 103
Schablone 11, 23
Scheduling 28, 29, 32, 112
Schnittstelle 25, 50, 56, 60, 64, 88, 95
Schriftart 3, 18, 19, 20, 21
Schriftgröße 19, 21
Schutzmechanismus 107
Scrollbars 40, 96
Seitenbeschreibungssprache 1, 3
Senden 27, 38, 74
sendevent 30, 31, 33
Server 24ff, 35, 49ff, 60, 66, 69, 71ff
Server-Adresse 51
setcanvas 89, 90, 103, 104
setenv 43, 54
setfont 19, 20, 103
setgray 13, 14, 45, 81

setnewshost 54
Simula 21, 37, 39
SINUSDEMO 63, 64, 72, 73, 74, 75
skalieren 45, 81, 87, 89, 94
Skalierung 3, 12, 14ff, 47, 77, 80
Smalltalk 37
Socket 49ff, 56, 58, 61, 94
Socket-Deskriptor 51
SPARC 72
Speicherauslastung 76
Speicherplatz 10, 19, 26, 28
Stack 4, 6ff, 33, 37ff, 56, 90, 108
Stack-Element 6
Standardausgabe 4, 21
Standardklassen 40, 41, 48, 97
Startprogramm 62, 66, 67
String 11, 18ff, 30, 56, 58, 59
Subklasse 37, 39, 43, 44
SunView 24, 26, 106, 108, 109, 112
Superklasse 37, 38, 39
suspendprocess 37
Synchronisation 27, 28
Systemaufruf 55, 61, 68
Systemzeit 29, 30

Terminierung 53, 56, 59
Testbedingung 9
Text 1, 3, 18ff, 20, 23, 103, 112
TimeStamp 29, 30, 34
Tokenformat 55
Turing 3, 27
Typ 4, 5, 8, 10, 12, 29, 43, 58, 61

unterbrechen 31, 33
Unterbrechung 33, 57
Unterklasse 47
Unterprogramme 35

Variablen 7, 10, 18, 21, 36ff, 47, 60
Vektor 10, 111
Verbindung 21, 28, 51, 76, 84, 86, 92
Verbindungsabbau 53
Verbindungsaufbau 53
Verteilung 30, 31, 65
Verteilungsmechanismus 30, 31
virtuelle 11, 12, 23, 28, 71, 74, 75

waitprocess 37
Wartezustand 28
Window 21ff, 41ff, 62ff, 78ff, 96, 106
Window-Manager 26
Window-Operationen 26
Workstation 23ff, 54, 65ff, 86, 100, 107

XLocation 29
xor 8

YLocation 29

Zahlen 5, 7, 10, 20, 21, 39, 40
Zeichen 18, 20, 45, 55, 77, 81, 86ff, 94
Zeichenfarbe 45, 81
Zeichenfläche 23
zeichnen 45, 62, 65, 78, 81, 88, 90, 93
zeitkritisch 35, 81
Zeitpunkt 29, 33, 61, 74, 96
Zeitscheibenverfahren 32

Reihe „Informationstechnik und Datenverarbeitung“

M. M. Botvinnik: Meine neuen Ideen zur Schachprogrammierung. Übersetzt aus dem Russischen von A. Zimmermann. X, 177 S., 42 Abb. 1982.

K. L. Bowles: Pascal für Mikrocomputer. Übersetzt aus dem Englischen von A. Kleine. IX, 595 S., 107 Abb. 1982.

W. Kilian: Personalinformationssysteme in deutschen Großunternehmen. Ausbaustand und Rechtsprobleme. Unter Mitarbeit von T. Heissner, B. Maschmann-Schulz 2. XV, 352 S. 1982.

A. E. Çakir (Hrsg.): Bildschirmarbeit. Konfliktfelder und Lösungen. XI, 256 S., 75 Abb. 1983.

W. Duus, J. Gulbins: CAD-Systeme. Hardwareaufbau und Einsatz. IX, 107 S., 41 Abb. 1983.

H. Niemann, D. Seitzer, H. W. Schüßler (Hrsg.): Mikroelektronik - Information - Gesellschaft. XI, 213 S., 80 Abb. 1983.

J. Kwiatkowski, B. Arndt: Basic. 2., korr. Auflage. XI, 179 S., 1984.

E. E. E. Hoefer, H. Nielinger: SPICE. Analyseprogramm für elektronische Schaltungen. 223 S., 162 Abb., 36 Tab. 1985.

R. Gleaves: Modula-2 für Pascal-Programmierer. X, 183 S., 1985.

W. Junginger: FORTRAN 77 - strukturiert. XIII, 451 S., 75 Abb. 1988.

F. J. Heeg: Empirische Software-Ergonomie. Zur Gestaltung benutzergerechter Mensch-Computer-Dialoge. X, 227 S. 79 Abb. 1988.

H. Lochner: APL2-Handbuch. X, 331 S., 19 Abb. 1989.

G. Staubach: UNIX-Werkzeuge zur Textmusterverarbeitung. Awk, Lex und Yacc. X, 157 S., 1989.

J. A. Brown, S. Pakin, R. P. Polivka: APL2 - Ein erster Einblick. XIV, 373 S., 1989.

M. Dürr, K. Radermacher: Einsatz von Datenbanksystemen. Ein Leitfaden für die Praxis. XIII, 217 S., 78 Abb. 1990.

W. F. Clocksin, C. S. Mellish: Programmieren in Prolog. XIV, 331 S., 43 Abb. 1990.

E. Heck, F. Kumpmann: NeWS - Das Netzwerkfähige Window-System. Einführung und Anleitung. VIII, 120 S., 37 Abb. 1990.

Reihe „Informationstechnik und Datenverarbeitung“

S. Pappe: Datenbankzugriff in offenen Rechnernetzen. X, 205 S., 69 Abb. 1990.

K. Jensen, N. Wirth: Pascal-Benutzerhandbuch. Unter Berücksichtigung der DIN-Norm 66256. Ca. 250 S., 1990.